サクラ
ハンドブック

大原隆明／著

本書の見方（1）　【花のページ】

■**インデックス**
- 野生種
- ソメイヨシノより早咲き
- ソメイヨシノと同時期
- ソメイヨシノより遅咲き
- 秋と春に咲く二季咲き

■**キャッチコピー**
その種類の特徴やセールスポイントを一行で表した。

■**和名**
著者が標準的と判断した和名とその漢字表記を採用した。'　'で囲んだ部分は栽培品種名。

■**学名**
サクラ属を細分して *Cerasus* とする意見もあるが、本書では属の範囲を大きく扱い *Prunus* を採用した。
栽培品種名は主に『日本桜集』大井・太田（1973）によった。

■**種類の概略**
その種類の分布や来歴、特徴などを簡潔に記述した。

野生種（p.10-24）

■**国内での分布（野生種のみ）**
その種類のおおよその分布域を日本地図上に色で示した。

■**開花時の枝の写真**
開花時期の枝の様子を示した。二季咲き性品種（p.74～81）については、晩秋の写真を掲載した（花に関する他の画像も同様）。

■**花の特徴の解説**
その種類を識別する上で重要な花の特徴について簡略に記述した。

■**花の正面写真**
花弁や雄しべ、雌しべの特徴がわかる、満開時の標準的な花を正面からみた写真。

■**萼片の写真**
花を裏面から撮影した、萼片の特徴がわかる写真。ただし、カンヒザクラ（p.30）のみ落下した花の写真を表示した。

■**萼筒、小花柄の写真**
花を側面から撮影した、萼筒や小花柄の特徴がわかる写真。

栽培品（p.26-80）

■**典型的な樹形（栽培品のみ）**
その種類でもっとも普通にみられる樹形を「傘形」、「広卵形」、「杯形」、「ほうき形」、「しだれ形」の5区分で図示した。

■**花の実物大の円（栽培品のみ）**
もっとも標準的な花の大きさを実物大の円で図示した。

■**最下の苞の写真**
花序の苞のうち、最も付け根に近い位置のものの特徴がわかる写真。種類によってはその下側にある大型の鱗片の様子も同時に示した。ただし、'トウカイザクラ'（p.36）のみ切花の花の画像を表示した。

2

本書の見方(2) 【葉のページ】

■ 分布植生帯(野生種のみ)
その種類が生育するメインの植生帯を温暖な地域から順に「シイ-カシ帯」、「クリ-コナラ帯」、「ブナ帯」、「ダケカンバ帯・ハイマツ帯」の4区分で表示。

■ 開花期(野生種のみ)
その種類の開花時期を同じ場所にあるソメイヨシノと比較して「早い」、「同時」、「遅い」の3区分で表示した。

■ 葉の全体のスキャン画像
完全に展開しきった夏期の短枝につく、2番目の葉の裏面をスキャナで取りこんだ画像を使用。種類ごとの特徴は表面より裏面に表れることが多い(p.9参照)。

■ 樹高
その種類の最大に成長したときの樹高を「低木」、「亜高木」、「高木」の3区分で表示。本書では低木(3m以下)、亜高木(3〜8m)、高木(8m以上)として扱った。

■ 葉縁の鋸歯のスキャン画像
葉の裏面上部の最も丸みがある部分の鋸歯をスキャナで取りこんだ画像を使用。鋸歯は葉で種類を調べる上で重要なポイントだが、特にこの部分のものを観察するとわかりやすい(写真はすべて実寸の2倍)。

■ 葉柄の写真
葉柄の上部を表面から見た写真。毛の有無や質に注目(写真はすべて実寸の8倍)。

野生種 (p.11-25)

■ 直径(栽培品のみ)
花の直径が変異する範囲をミリ単位で表示した。

■ 似た種類との見分け方
その種類と似た種類や、間違えやすい種類との識別ポイントを簡潔に解説。

■ 花弁数(栽培品のみ)
1つの花あたりの花弁数を表示した。

■ 似た種類の写真、コラム
その種類に似て間違えやすい種類の花の写真。見分けるポイントがわかりやすい部位を示した。
似た種類が他ページで示してある場合には、その種類に関係したコラムとなっている。

栽培品 (p.27-81)

※巻末の奥付ページ小口にメジャーがあります。サクラ各部のサイズを計る際にご利用下さい。

本書の特色と使い方

【本書の特色】

　本書はこれからサクラの種類について知りたい、見分け方を知りたいと思う人をおもな対象としており、以下のような特徴がある。

■ 身近なサクラを調べやすいよう、分布の広い野生の種類と、比較的普通に栽培される種類を厳選して取り扱った。
■ 間違えやすい種類を具体的に挙げ、識別点を箇条書きで記述した。
■ 種類ごとの特徴が表れやすく識別ポイントになる花の萼や葉縁の鋸歯などのクローズアップ画像をすべての種類について掲示した。
■ 種類を絞りこみやすいよう、野生の種類と栽培品に分け、栽培品についてはほぼ全国で普通にみられる'ソメイヨシノ'の開花期との比較から以下の4カテゴリーに分け、一般的な開花期の順に取り上げた。
　1．早咲き　　：'ソメイヨシノ'の開花前に満開になる種類
　2．同時咲き　：'ソメイヨシノ'の開花から散り終わる期間に満開になる種類
　3．遅咲き　　：'ソメイヨシノ'がほぼ散り終わってから満開になる種類
　4．二季咲き　：毎年晩秋と春に2回開花のピークがある種類

【本書の使い方】

　まず自生なのか栽培なのかを区別することが大切。ひとまず自然の野山にあれば野生種、庭や公園にあれば栽培品と区別しておこう。区別後は、それぞれ次の順序を追って種類を調べる。

■ **野生種**（p.10-25）**の名前を調べる手順**
　①花の時期に調べる場合、左ページ下にある萼筒のアップ写真からもっとも形や毛の様子が似ているものを探し候補を絞る。
　②葉の時期に調べる場合、右ページ上の葉鋸歯のアップ写真から形や深さ、先の伸び方がもっとも似ているものを探し候補を絞る。
　③上の①、②で絞った候補のページにあるその他の写真や特徴の記述を見て、すべての特徴が一致するかを確かめる。
　④右ページ下の「似た種類との見分け方」を見て、ほかの種類に該当しないかを確かめる。
　⑤本書で取り上げた8種（変種を含めると11種類）と特徴が一致しなかった場合は、次の可能性がある。
　　A. 本書では取り上げなかった分布域がごく狭い種類
　　B. 複数の種類間の交雑でできた個体
　　C. 栽培品

⑥本書の栽培品のページを調べてもなければ、分布域がごく狭い種類も出ている詳しい野生植物図鑑を見て、該当する種類がないかを調べる。それでもない場合は交雑個体の可能性が高いので、本書の写真や特徴記述を参考にしながら親を推理する。

■ 栽培品（p.26-81）の名前を調べる手順

①周辺にあるソメイヨシノの開花を観察して、調べたい種類の開花状況から本書の4カテゴリーのどれにあたるかを推測する。
②各カテゴリーに含まれる種類の写真を見て、似ているものを探し、候補を絞る。その時に注目するポイントは p.8 参照。
③調べるものが一重咲きのときは、p.10-25 の野生種も候補に入れる。
④似たものがない場合は、その前後のカテゴリーの種類も見る。
⑤絞った候補のページにある写真や特徴の記述と比較して、すべての特徴が一致するかを確かめる。
⑥右ページ下の「似た種類との見分け方」を見て、ほかの種類に該当しないかを確かめる。
⑦すべての特徴が一致するものがない場合には、本書で取り上げていない種類である可能性が高い。栽培の少ない種類の出ている詳しい図鑑や専門書を見て、該当する種類がないかを調べる。
※葉だけで栽培品の種類を決めるには相当の経験が必要。葉の写真や記述は花で調べた場合の補強材料や、見当をつける資料として使用する。

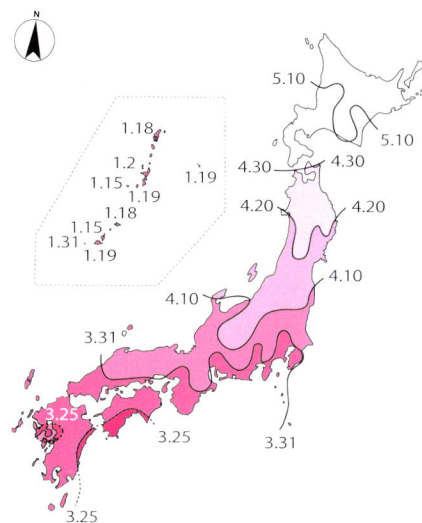

参考資料：サクラの開花日の等期日線図

(1971-2000年平均値：気象庁ホームページより転載)

　各地の代表的なサクラの開花日の平均値を表している。ほとんどの地域では本書のカテゴリー分けの基準にした'ソメイヨシノ'だが、北海道の北部や東部ではオオヤマザクラ（エゾヤマザクラ）やチシマザクラ、南西諸島ではカンヒザクラ（ヒカンザクラ）が対象。

サクラとは

「サクラ」とはバラ科サクラ属中のサクラ亜属というグループに分類される樹木の総称。サクラ属にはウメやモモなども含まれており花の特徴も似ているが、これらは別の亜属に分類され、通常サクラとしては扱われない。

サクラ亜属と他の亜属とは果実の特徴で区別されるが、サクラ亜属のものはふつう花の柄（小花柄）が長く萼筒が大型という特徴がある。野生種のミヤマザクラや果樹として栽培されるユスラウメもサクラ亜属に分類されるが、この点で一般的なサクラのイメージとは異なるため、本書では取り扱わなかった。

バラ科
サクラ属
アンズ　アーモンド　モモ
ウメ　ウワミズザクラ

サクラ亜属
（いわゆる「サクラ」）
ヤマザクラ
ソメイヨシノ　カンヒザクラ

科→属→亜属の順で階層になっている

自生のサクラと栽培されるサクラ

日本でみられるサクラは、国内の野山に自生している「野生種・自然交雑種」と、国内では栽培のものだけが知られる種類とに大きく分けられる。さらに栽培のみが知られる種類には「国外産の野生種」と、野生種や交雑品の中から人間が園芸価値が高いものを選び出した「栽培品種」とがある。種類の名前を調べる上では、その3つを区別して扱うことが重要である。

【野生種・自然交雑種】（p.10–25、p.42–43の9種類）

1種類の中でも遺伝的な変異が非常に大きく、さまざまな個体が含まれる。識別する時には個体間の変化が多い部分にはこだわらず、変化の少ない部分の特徴（詳細はp.8-9参照）だけに注目する。

【国外産の野生種】（p.30–33の2種類）

国内産の野生種ほど顕著ではないが、遺伝的な変異がある。識別する時には上記と同様、変化の少ない部分の特徴のみを重視する。

【栽培品種】（本書で扱った上記以外の種類）

ほとんどが接木や挿し木などで増やされたクローンなので、1種類内は遺伝的にほぼ均一で変異が非常に少ない。各品種を見分けることは人間でいえば個人識別と同じであり、細かい部分まで特徴を観察する必要がある。

サクラの各部位の名称・用語

写真の花の各部位ラベル:
- 鱗片
- 花柄
- 苞
- 若葉
- 花序
- 小花柄
- 萼筒
- 萼片
- 花弁
- 雄しべ
- 雌しべ

葉のラベル:
- 葉身
- 鋸歯
- 側脈
- 主脈
- 蜜腺
- 葉柄

【花に関する用語】
花序（かじょ）：花を構成する下記のすべてを含む部分。
花弁（かべん）：花びらと呼ばれる部分。サクラでは基本は5枚（一重咲き）だが、八重咲きのものでは数が多い。
萼片（がくへん）：花弁の外側にあり、つぼみの時に花弁を覆っている部分。サクラでは通常5枚。
副萼片（ふくがくへん）：萼片の間にある萼片とほぼ同様のもの。一部の栽培品種のみにみられる。
萼筒（がくとう）：萼片からつながる筒のような形の部分。
雌しべ（めしべ）：花の中央にあり花後に果実となる部分。
雄しべ（おしべ）：雌しべと花弁の間にあり、花粉を出すための器官。
小花柄（しょうかへい）：ひとつの花につながる柄。
花柄（かへい）：小花柄が合わさり、花序の中心軸となる柄。
苞（ほう）：小花柄のつけねに1枚ずつある小さな葉に似たもの。
鱗片（りんぺん）：花序の一番元にある花芽を包むもの。内側のものは大きく、外側のものは小さく硬い。

【葉に関する用語】
葉身（ようしん）：葉の面状の部分。解説中の葉の長さはこの部分を示す。
葉柄（ようへい）：葉身の下に続く柄部分。
主脈（しゅみゃく）：葉身の中央にある、葉柄からつながる太い脈部分。
側脈（そくみゃく）：主脈から枝分かれして葉身の縁に伸びるやや太い脈。
鋸歯（きょし）：葉身の縁にあるギザギザ。ひとつで独立しているものを単鋸歯、いくつかが集まってひとつになっているものを重鋸歯とよぶ。
蜜腺（みつせん）：葉身の下部または葉柄の上部にあるいぼ状の突起部分。これが明らかなことがサクラ属の葉の特徴のひとつ。

サクラを見分けるポイント〈花〉

【野生種・自然交雑種、国外の野生種の場合】

どうしても花弁に目がいきがちだが、野生種では花弁の色や形は個体による変異が大きく、種類の識別にはあまり役立たない。

花時に種類を調べる上で特に注目したいのは下記の3つの部分の特徴である。この他にも、花と若葉の開くタイミングや萼片にも注目しよう。

萼筒のさまざまな形。左上から筒形、つりがね形、筒状のつりがね形、壺形。

1 萼筒 それぞれの種類の特徴がよく表れる、種類を調べる上で最も重要な部分。全体の形や、毛の有無を確認する。

2 小花柄 毛の有無や、有毛である場合にはその毛の長さ、向きに注目。

3 最下の苞 注目されることは少ないが、種類ごとに独自の特徴がある部分。形や縁の巻きこみ方、上部の縁にある鋸歯の状態に注目。

【栽培品種の場合】

栽培品種の名前を調べる場合には、野生種より詳細に特徴を観察する必要がある。上の「野生種の場合」で挙げた3部分はもちろん、下記の部分にも注目することが大切である。

また、それぞれの種類の解説中でこれら以外の部分の特徴が記述されている場合には、その点についても必ず確認を行いたい。

野生種と同様に、花と若葉の開くタイミングにも注目。

雌しべのさまざまな状態。左上から雄しべより短い、雄しべより長い、下部のみが葉に変化、2本で上部まで葉に変化

1 花弁 枚数や形、大きさ、色、しわなどに注目する。ただし、色や大きさは栽培環境によって多少変化することを意識しておく。

2 萼片 形や大きさ、縁の鋸歯の有無や状態に注目。

3 雌しべ 本数や色、葉に変化しているかどうかを観察する。また、雄しべと比較しての長さ（長い、短い）についても注目する。

サクラを見分けるポイント〈葉〉

'ソメイヨシノ'の長枝と短枝　　'ソメイヨシノ'の短枝につく葉

　野生種・栽培種にかかわらず、樹木の葉は個体内での変異が大きい。サクラの場合も同様で1個体の中にさまざまな大きさ、形の葉がみられる。葉で種類を見分ける場合、できるだけ変化が少ない部分の葉を選んで調査することが重要である。

【短枝につく上から2番目の葉を見る】
　サクラの枝には1年に数cm以上成長して葉が多数つく「長枝」と、1年に数mmしか伸びず3〜5枚の葉がつく「短枝」がある（上左写真）。長枝の葉は大きさや形に変異が多いのに対し、短枝の葉は変異が比較的少なく、特に上から2枚目の葉（上右写真で❷と示した葉）は特徴がよく揃っている場合が多い。この葉を見る習慣をつけることが、葉で種類を見分ける上での重要なコツである。なお、本書に掲載した各種類の葉のスキャン画像や特徴解説は、すべてこの部分の葉に関するものである。

【1枚の葉のここを見る】
　葉の各部位のうち、種類ごとの特徴が特に表れるのは以下の3か所である。
❶葉縁の鋸歯　種類を調べる上で最も重要な部分。葉上部の最も丸みがある部分の鋸歯の形や向き、先端の伸び方に注目。
❷葉身裏面　光沢や色、毛の有無に注目。
❸葉柄　毛の有無や、有毛の場合にはその毛の長さや向きに注目。

赤い若葉と白い花のコントラストが雅やか

ヤマザクラ 【山桜】

Prunus jamasakura Siebold et Zucc. var. *jamasakura*

本州、四国、九州に分布。温暖な気候を好み、低山や丘陵に多い。西日本では最も一般的な野生のサクラ。白い花と同時に開く赤みの強い若葉が美しく、古来より詩歌に多く取り上げられている。

赤みの強い若葉は白い花と同時に開いてよく目立つ。　（富山県中央植物園 07/4/11）

❶花弁はほぼ白色。❷萼片は三角形を帯びて細長く長さ5mm前後、幅3mm以下。すらりとした印象。無毛で縁に鋸歯はない。❸萼筒は細い筒状のつりがね形で長さ6-7mm、無毛。小花柄も無毛。❹最下の苞はくさび形〜楕円形で幅3.5mm以下、先端の鋸歯は細く先が伸びる。縁は内側に巻きこむ。大きな鱗片も細長く粘らない。

ソメイヨシノとほぼ同時　**クリ・コナラ帯**　**高木**

野生種

1 cm

徐々に細まり、尾状に長く伸びる

他種に比べやや細長い
中央よりやや上で最も
広く幅4.5 cm以下

鋸歯は上向きに伏せ細かいので目立たない。先端はやや伸びる。

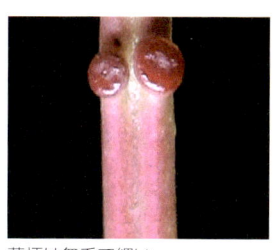

両面とも無毛

裏面は白みが強く光沢はない

つけねは丸いか広いくさび形

葉柄は無毛で細い。

似た種類との見分け方

カスミザクラやオオシマザクラは白い花と若葉が同時に開くことや、萼筒が細長い点でよく似ている。これら2種の若葉は緑色のことが多いが、中には赤みを帯びた個体もあり、このようなものは特に間違えやすい。雑種もよく見られるので注意が必要。

識別 ①
カスミザクラ(p.14)は…
- 小花柄や葉柄に毛が多い。
- 苞は幅広く、先端の鋸歯は三角形。
- 葉の鋸歯は三角形で外向きに開く。

識別 ②
オオシマザクラ(p.16)は…
- 萼片は大型で長さ7 mm以上。
- 苞は幅広く鋸歯は深い。
- 葉の鋸歯は三角形で外向きに開く。

昔のお花見の中心的存在

ソメイヨシノの登場以前に温暖な地方で主な花見対象とされたのが本種。赤い若葉と白い花がちらちらと混ざり合う繊細な風情を楽しんだ昔のお花見は、淡いピンク色一色に染まるソメイヨシノを対象とした現代の花見とはかなり風情が違っていたのかもしれない。

北国の遅い春を彩る赤みの強いサクラ

オオヤマザクラ 【大山桜】
Prunus sargentii Rehder var. *sargentii*

北海道、本州、四国に分布。特に北海道では代表的なサクラでありエゾヤマザクラの別名がある。花や同時に開く若葉は赤みが強いのでベニヤマザクラともよばれ、分布域以外でも公園樹として使われる。

若葉と花が同時に開く。枝は上向きに伸び上がる傾向が強い。（富山県中央植物園 07/4/14）

❶花弁は淡紅色。❷萼片は三角形を帯びて細く、長さ4-6mm。無毛で縁に鋸歯がない。❸萼筒は筒状のつりがね形で長さ6.5-7.5mm、無毛で赤みが強い。小花柄も無毛。❹最下の苞はくさび形で先端に太いこん棒状の鋸歯が目立ち、縁は内側に巻きこまない。大きな鱗片は幅広く丸みがあり、指でつまむと明らかに粘りを感じる。

ソメイヨシノとほぼ同時　ブナ帯　高木

野生種

1 cm

徐々に細まり、尾状に伸びる

幅5〜6.5 cm

鋸歯は三角形で外向きに開いて目立つ。先はあまり伸びない。

両面とも無毛

つけねは丸いかややハート形

裏面は白みが強く、光沢はない

葉柄は無毛。

似た種類との見分け方

同所的に生育することが多いカスミザクラは花色が白いので見分けやすいが、中にはピンク色の花が咲く個体もあり、間違われることがある。またヤマザクラとは花色や分布域が異なるが、葉裏が白い点が似ており、栽培品では混同もみられる。

識別 ①
カスミザクラ(p.14)は…
- 小花柄や葉柄に毛が多い。
- 花序の下にある鱗片は粘らない。
- 葉の裏面は白みを帯びず光沢がある。

識別 ②
ヤマザクラ(p.10)は…
- 花序の下にある鱗片は粘らない。
- 葉の鋸歯は細かく伏せて目立たない。
- 葉は狭く、幅4.5 cm以下。

樹皮は伝統工芸品の材料

茶筒 　　茶托

秋田県角館の伝統工芸品・樺細工は、皮目が美しく通湿性に富むといったサクラ類の樹皮の性質を利用したものだが、原料には東北地方に多いオオヤマザクラやカスミザクラが使われる。特にオオヤマザクラの樹皮は美しく、高級品として珍重される。

野生種

新緑にたなびく春霞に似た遅咲きのサクラ

カスミザクラ 【霞桜】

Prunus leveilleana Koehne

国内では北海道〜九州に分布するが、四国や九州ではごくまれで日本海側や冷涼な地域に多い傾向がある。白い花と緑〜茶色の若葉が同時に開き華やかさに欠けるためか、栽培は多くない。

ソメイヨシノより1週間以上遅れて、緑〜茶色の花と若葉が同時に開く。 （滑川市 07/4/23）

❶花弁は白色のものが多い。❷萼片はやや三角形を帯びた楕円形で長さ 5-5.5 mm。縁には鋸歯がないか、あっても少数で鈍い。❸萼筒は細い筒状のつりがね形でやや丸みがある。小花柄には開いた短い毛がある。❹最下の苞は広いくさび形で長さ 6-8 mm、幅は 3.5 mm以上、先端の鋸歯は三角形でその先は伸びない。

ソメイヨシノよりも遅い　**クリ - コナラ帯〜ブナ帯**　**高木**

野生種

急に細まり、尾状に伸びる

中央より上で最も広く、幅4.5〜6cm

鋸歯は三角形で外向きに開き目立つ。先はほとんど伸びない。

1cm

両面、特に裏面の脈に毛が多い

つけねは丸いかややハート形

裏面は淡い緑色で光沢がある

葉柄は開いた短い毛が多い。

似た種類との見分け方

花が白くて若葉が同時に開くオオシマザクラやヤマザクラはイメージが似ているので間違えやすい（ただし同じ場所ではカスミザクラの方がかなり遅れて花が咲く）。またオオヤマザクラとは花色が違う場合が多いが、カスミザクラにも淡紅色の個体があり、分布域が重なる上、葉の形や鋸歯の様子が似ているので、混同されることがある（ヤマザクラ、オオヤマザクラとの見分け方は p.11、p.13 を参照）。

識別 ①
オオシマザクラ(p.16)は…
・萼片は大型で長さ 7mm 以上。
・小花柄や葉、葉柄には毛がない。
・花の最下の苞は長さ 9mm 以上。
・葉の鋸歯の先が糸のように伸びる。

新緑中に咲く爽やかな風情

ソメイヨシノの花が終わってサクラの話題もひと段落となった頃、新緑の林の中でたなびく霞のように咲くのがカスミザクラ。他のサクラほどの華やかさはないものの、周囲の樹木のすっかり開いた若葉の緑色とのコントラストは爽やかで、捨てがたい風情がある。

香り高い大きな白い花が咲く

オオシマザクラ【大島桜】

Prunus speciosa (Koidz.) Nakai

伊豆～房総の海沿いに多く生育するが、薪炭材や園芸品種の接木用台木として栽培もされ、東北以南の各地で野生化したものがみられる。花は大型で香りがあり、多くの栽培品種の親となった。

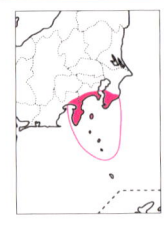

芳香のある大きな白い花と、緑～茶色の若葉が同時に開く。　　（魚津市 06/4/15）

❶花弁は白色のものが多く大型で、長さ2cmに達するものもある。❷萼片は大型で長さ7-10mm、縁に鋸歯が目立つ個体が多い。❸萼筒は細い筒状のつりがね形、大型で長さ7-11mm、無毛。小花柄も無毛。❹最下の苞は広いくさび形で大きく長さ9-12mm、先端の鋸歯は長く伸び、枝分かれするものも混ざる。縁は内側に巻きこまない。

ソメイヨシノとほぼ同時　シイ-カシ帯　高木

野生種

中央付近で最も広く、大型で幅8cm以上

徐々に細まり、尾状に伸びる

鋸歯は外向きに開き、先が糸のように長く伸びるのが特徴。

両面とも無毛

1 cm

裏面は淡い緑色でやや光沢がある

つけねは丸いか広いくさび形　厚みがある

葉柄は無毛。

似た種類との見分け方

花が白く若葉が同時に開くヤマザクラやカスミザクラはイメージが似ているので間違えやすい（ヤマザクラ、カスミザクラとの見分け方はp.11、15を参照）。また、遅咲きで花が大型の栽培品種の大半は本種の影響を強く受けており、中でも花が一重で白い品種は野生種のオオシマザクラとの識別が難しいものが多い。そのうち最も広く栽培されている'スルガダイニオイ'とは葉に以下のような違いがあり、見分けることができる。

識別 ①

'スルガダイニオイ'（p.62）は…
- 葉は細長い（長さは幅の約2.5倍）。
- 葉裏はやや白みを帯びる。
- 葉縁の鋸歯はほぼ上向きで開かない。

桜餅の葉

オオシマザクラの葉は厚く、毛がない点が食用に適しているので、桜餅を包むための塩漬けに加工される。全国シェアの大半は伊豆半島で生産されている。桜餅の葉は、本種の特徴である葉縁の鋸歯の伸びがあまり目立たないが、これは徒長枝の葉を使用しているためである。

17

小さな木でも花が咲く可憐なサクラ

マメザクラ 【豆桜】

Prunus incisa Thunb. var. *incisa*

本州中部の太平洋側に分布。山地性で特に富士山山麓に多いことからフジザクラの別名もある。和名のとおり全体が小型で、若木でも花をつけ剪定にも強いため盆栽や鉢植えとしても栽培される。

樹高1m程度でも花が咲く。葉は花より少し遅れて伸び始める。 （富山県中央植物園 07/4/11）

❶花弁は白〜淡紅色で形も変化が多く、小型で長さ13mm以下。❷萼片も小型で長さ4mm以下、先端はやや鈍い。縁に鋸歯はないか、あっても鈍く目立たない。❸萼筒は短い筒形で長さ7mm以下、つけねが少し膨らみ、無毛。小花柄に開いた柔らかい毛がある。❹最下の苞は丸みの強い扇形で長さより幅が広く、縁に鈍い鋸歯が目立つ。

ソメイヨシノよりやや早い　クリ - コナラ〜ブナ - ミズナラ　低木

野生種

1 cm

徐々に細まり、太い尾状になる

やや菱形を帯び小型、長さ2〜4cm

裏面は淡い緑色

大きな鋸歯は20個以下

両面にまばらに毛があるが、裏面の脈上に多い

つけねは丸いか、広いくさび形

はっきりした深い重鋸歯でやや五角形。先は尖るが伸びない。

葉柄には上向きの柔らかい毛が多い。

似た種類との見分け方

いくつかの変種とされる種類があり、その中でも特にキンキマメザクラは北陸から中国地方の日本海側を中心とした広い地域に生育しているため目にする機会が多い。また、樹高が低く、葉の縁に尖った深い重鋸歯がある点はタカネザクラもよく似ており、間違えられることがある（見分け方はp.21を参照）。なお、園芸的に広く栽培されているリョクガクザクラ（ミドリザクラ）はマメザクラの花弁や萼から赤色の色素が消えた品種である。

キンキマメザクラの萼筒

1 cm

識別 ①

キンキマメザクラ（右写真）は…
- 萼筒は細長く、長さ7mm以上。
- 葉は大型で、長さ5cm以上。
- 葉縁の大きな鋸歯は片側20個以上。

キンキマメザクラの葉

亜高山の雪解けとともに咲く

タカネザクラ 【高嶺桜】

Prunus nipponica Matsum.

国内では北海道、本州(奈良県以北)の亜高山帯に分布し、ミネザクラとも呼ばれる。標高が高い多雪地では幹が斜めに這い上がり樹高は 2-3 m 程度だが、風雪が弱い場所のものは 5 m 以上に成長する。

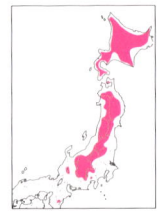

自生地では初夏頃に花と若葉が同時に開く。登山途中でよく見かける。　(富山県立山町 08/7/1)

❶花弁は白〜淡紅色、形にも変化が多く、小型で長さ 13 mm 以下。❷萼片は長さ 4.5-6.5 mm で萼筒よりやや短い程度。縁には鋸歯がないか、あっても目立たない。❸萼筒は長さ 6-8 mm のつりがね形、つけねは膨らまない。毛の量は変異がある。小花柄の毛の量も変異が多い。❹最下の苞はくさび〜楕円形で、先端に鋭い鋸歯がある。

ソメイヨシノよりやや早い　**ダケカンバ帯・ハイマツ帯**　低木〜亜高木

野生種

楕円形でやや小型、長さ5−7cm

徐々に細まり、尾状に伸びる

はっきりした深い重鋸歯でやや五角形。先には腺が目立つ。

1 cm

つけねは丸いか、広いくさび形

両面とも無毛の個体が多いが、有毛のものもある

裏面は淡い緑色

葉柄は無毛か、開いた毛がある。

似た種類との見分け方

葉の縁に深く尖った重鋸歯がある点はマメザクラによく似ており、間違えられることがある。なお、小花柄や萼筒に開いた毛が生えるものを変種チシマザクラとして区別することが多いが、毛の量は非常に変異が多い上に同じ場所に毛がない個体とある個体が混ざって生育すること、毛の有無の他には相違点がなく識別が困難であることなどから、区別する必要はないように思われる。

識別 ①

マメザクラ(p.18)は…

- 萼筒のつけね部分が膨らむ。
- 萼片は小型で長さ4mm以下。
- 苞はまるみのある扇形で鋸歯は鈍い。
- 葉の鋸歯の先に球状の腺がない。

夏にお花見を楽しむ

タカネザクラは平地に植えた場合にはソメイヨシノより早く開花するが、本来の生育地である亜高山帯での開花は5月下旬〜6月が一般的である。残雪が多い年には開花期がさらに遅れ、場所によっては真夏に花見を楽しむことができることもあり、夏山登山の密かな楽しみとなっている。

渓流沿いでひかえめに咲く

チョウジザクラ 【丁子桜】

Prunus apetala (Siebold et Zucc.) Franch. et Sav. var. *tetsuyae* (H. Ohba) Oohara

本州の太平洋側（宮城県〜長野県）に分布。沢沿いに生育し、渓流を覆うように枝が広がっている状態を見ることが多い。萼筒は大型だが花弁が小さく地味な風情なので、ほとんど栽培されない。

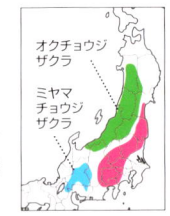

枝は横に広がり低木でも花が咲く。花は葉と同時に開いてあまり目立たない。（長野県辰野町 08/4/16）

❶花弁は白色、非常に小型で長さ7mm以下。❷萼片は卵形、小型で長さ5mm以下。先は鈍く、縁には鋸歯が目立つ。❸萼筒は大型で長さ8-11mm、太い筒形、つけね部分で幅が最も広い。開いた毛が密にある。小花柄にも開いた長い毛が密にある。❹最下の苞は広いくさび形から菱形、縁に三角形の粗い鋸歯が目立つ。

Prunus apetala (Siebold et Zucc.) Franch. et Sav. var. *tetsuyae* (H. Ohba) Oohara, comb. nov.
Cerasus apetala (Siebold et Zucc.) Ohle ex H. Ohba var. *tetsuyae* H. Ohba in H. Ohba et al., Flowering Cherries of Japan, new ed.,[88], 253 (2007).

ソメイヨシノよりやや早い　クリ・コナラ〜ブナ・ミズナラ帯　低木〜亜高木

野生種

1 cm

急に細まり、尾状に長く伸びる

中央より上で最も幅が広く、長さ6-9cm

裏面は淡い緑色

丸みが強いはっきりした重鋸歯。先端は鈍く、球状の腺がある。

両面、特に裏面脈上に毛が密生

つけねは丸いか、広いくさび形

葉柄には開いた長い毛が密にある。

似た種類との見分け方

類似のオクチョウジザクラが北陸から東北地方の日本海側(分布図緑色)に、ミヤマチョウジザクラが岐阜県飛騨地方周辺の本州中部(分布図青色)に分布している。なお、中国地方や九州のチョウジザクラとされるものは形態に明らかな違いがいくつもあり、現在、分類の取り扱いを検討中である。

識別 ①

オクチョウジザクラ(右上写真)は…
・萼筒は開口部で幅が最も広い。
・花弁は大型で長さ9mm以上。

識別 ②

ミヤマチョウジザクラ(右下写真)は…
・萼筒は開口部で幅が最も広い。
・萼筒の毛はまばら。
・葉縁の鋸歯は鋭く尖り、数が多い。

オクチョウジザクラの花

ミヤマチョウジザクラの花

野生種

全国各地に巨木が残る長命なサクラ

エドヒガン【江戸彼岸】

Prunus itosakura Siebold f. *ascendens* (Makino) Oohara

本州、四国、九州に広く分布するが自生地は限られている。大河川沿いの斜面に生育することが多い。「根尾谷の薄墨桜」など有名な古木のサクラの大半は本種で、ソメイヨシノの一方の親としても有名。

小型の花が集まってつく。満開の時には葉はほとんど伸びない。（富山市 07/4/2）

❶ 花弁は淡紅〜白色で変化が多く、小型で長さ13 mm以下。❷ 萼片は三角形状の卵形で小型、長さ3-5 mm、縁に細かい鋸歯が多い。❸ 萼筒は長さ5-7 mmの壺形で、玉のように膨れた部分は直線部分より大きい。開いた毛が密にある。小花柄はやや上向きの毛が密生。❹ 最下の苞は細い楕円形だが脱落しやすく、残っていないことが多い。

Prunus itosakura Siebold f. ***ascendens*** (Makino) Oohara, comb. Nov.
Prunus pendula var. *ascenders* Makino in Bot. Mag. Tokyo 7: 103 (1893)
Cerasus itosakura (Siebold) Masam. & Suzuki f. *ascendens* (Makino) H. Ohba & H. Ikeda in J. Jpn. Bot. 91: 184–185 (2016).

ソメイヨシノとほぼ同時かやや早い　シイ・カシ帯〜クリ-コナラ帯　高木

野生種

1 cm

裏面は淡緑色

徐々に細まり、尾状にならない

側脈は多く、10-13対

表面はほぼ無毛。裏面の脈上に上向きの毛が密生

つけねは広いくさび形

短枝の葉は楕円形または卵形

徒長枝の葉はヤナギのように細長い

鋸歯は細かく上向きに伏せた三角形。先は尖るが鈍い。

葉柄には上向きの毛が密にある。

似た種類との見分け方

萼筒が独特の形であるため、紛らわしい野生種はない。他種と一緒に生育する場所では、モチヅキザクラ（ヤマザクラとの雑種）、トモエザクラ（カスミザクラとの雑種）などの交雑品が見られるが、これらは萼筒の膨らんだ部分がエドヒガンのようにきれいな球形ではなく明らかに縦長となるので識別できる。

　ソメイヨシノ（p.44）も本種とオオシマザクラとの雑種と考えられるが、萼筒の膨らみは弱く縦長なので見分けるのは簡単。ただしマメザクラやキンキマメザクラとの雑種である'コヒガン'（p.40）やコシノヒガン（p.42）では萼筒の膨らみが球形なのでよく間違えられる（見分け方はそれぞれのページを参照）。

多摩丘陵に眠っていた新種

筆者らは東京都の多摩丘陵の一角に生育するエドヒガンに似た野生のサクラを発見し2004年に新種「ホシザクラ」として発表した。この種類は古い時代にエドヒガンやマメザクラなどが関与して生まれ、根の途中から生じる芽によって広がったものと推測される。

花と葉の対比がきれいな寒咲きのサクラ

カンザクラ
'カンザクラ'【寒桜】
Prunus ×*kanzakura* Makino 'Praecox'

ヤマザクラとカンヒザクラの交雑から生じたと考えられる栽培品種で、太平洋側を中心に各地で栽培される。早咲きのサクラの中でも特に早く開花し、静岡県熱海市などに名所がある。

杯形

栽培品／早咲き

花時に朱色を帯びた若葉がかなり開く。　　　　（富山県中央植物園 08/3/27）

❶花弁はごく淡いピンク色でほぼ円形、小型で長さ幅ともに 10-13 mm、縁は内側に巻きこむ。❷萼片は幅が中央で最大、長さ 5-6 mm、紅色。縁に鋸歯はなく先端は尖る。❸萼筒は太く丸みのあるつりがね形、小型で長さ 6-7 mm、紅色で無毛。小花柄も無毛。❹最下の苞は広いくさび形、縁はやや内側に巻きこみ、細かい鋸歯がある。

21〜28mm（標準25mm）　5枚　亜高木

1cm

急に細まり、短い尾状

質は厚くて硬く、縁はうねる

主にやや上向きの単鋸歯。先端は尖るがあまり伸びない。

中央より上で最も幅が広い

両面とも無毛

つけねは丸い

裏面は白みを帯びた淡い緑色

葉柄は無毛。長さ11-15mmで葉身のわりに短い。

栽培品／早咲き

似た種類との見分け方

p.74以降に取り上げる二季咲き性の栽培品種も、寒い季節に咲くことから誤ってこの名前で呼ばれることがあり、中でも花色が淡く一重咲きの'フユザクラ'は混同されやすい。また、'オオカンザクラ'も全体の雰囲気が似ており間違えやすい品種だが、開花は10日以上遅い。

識別 ①

'**フユザクラ**'（p.74）は…
- 花弁の縁は外側に反り満開時に白色。
- 秋から春まで長期間開花する。

識別 ②

'**オオカンザクラ**'（右写真）は…
- 花弁の縁に細かい鋸歯が多い。
- 萼片は先が丸く、最下部で幅が最大。
- 萼筒は細長く長さ7-9.5mmと大型。

'オオカンザクラ'の花（正面）

'オオカンザクラ'の萼

春を待ちきれない花見客で賑わう伊豆の華やかなサクラ

'カワヅザクラ' 【河津桜】

Prunus 'Kawazu-zakura'

昭和30年頃に静岡県河津町で発見された早咲き品種で、カンヒザクラやオオシマザクラの自然交雑により生じたと考えられる。河津町では町の花として各所に植えられ、一足早い春を求める花見客で賑う。

傘形

栽培品／早咲き

早咲き品種中では花が大きく華麗。若葉の伸び具合は気象条件で変わる。(富山市 08/3/30)

❶花弁はピンク色で色むらがあり、長さ、幅とも15-18mm。ほぼ平らに開く。縁に細かい鋸歯はない。❷萼片は先が鋭く尖り、内側に巻きこむ。下部に角張りがあり、その近くに1-2個の鋸歯がある。❸萼筒は長さ8-9mmの太いつりがね形。無毛でつややか。小花柄は無毛。❹最下の苞は広いくさび形で、深さ1mm以上の粗い鋸歯が目立つ。

33～38mm（標準35mm）　5枚　高木

1cm　質は厚くて硬く、縁がうねる

急に細まり、短い尾状

やや開いた単鋸歯に重鋸歯が混ざる。先端はあまり伸びない。

中央より上で最も幅が広い

両面とも無毛

つけねは丸いか浅いハート形

裏面はわずかに白みがある淡い黄緑色

葉柄は無毛で表面はなめらか。長さ14-21mm。

栽培品／早咲き

似た種類との見分け方

花の直径が3cm以上と大型で色が濃く、比較的開花期が早い栽培品種には、本品種のほか'シュゼンジカンザクラ'や'オオカンザクラ'、'ヨウコウ'などがあり、特に'シュゼンジカンザクラ'はよく似ているので混同される場合が多い。'ヨウコウ'は小花柄が有毛なので識別は簡単（p.46）。

識別①

'シュゼンジカンザクラ'（右写真）は…
・萼片の下部は角張らず鋸歯がない。
・苞の鋸歯は細かく、深さ0.5mm以下。

識別②

'オオカンザクラ'（p.27）は…
・花弁の縁に細かい鋸歯が多い。
・萼片は先が鈍く、縁に鋸歯がない。

'シュゼンジカンザクラ'の萼片

'シュゼンジカンザクラ'の苞

29

濃い紅色の花がエキゾチックな南国のサクラ

カンヒザクラ【寒緋桜】
Prunus campanulata Maxim.

台湾、中国南部〜東南アジア原産の野生種だが、国内でも本州以南で栽培される。花は赤みが強く平らに開かないので、一般的なサクラの印象とは異なる。早咲き品種の交配親としても有名。

広卵形

栽培品／早咲き

花は下向きに咲く。満開時に若葉は少し伸びる程度。　（富山県中央植物園 02/3/26）

❶花弁は紅色であまり開かない。雄しべは長く16mm以上で目立つ。❷花弁は散らず、萼と一緒に落ちる。❸萼も紅色。萼片は三角形状でつけね部分で最も幅が広く、縁に鋸歯はない。先端は尖る。萼筒は太いつりがね形、大型で長さ9−11mm、無毛。小花柄も無毛。❹最下の苞はごく小型で長さ2mm以下、目立たない。

13〜20mm(標準18mm)　5枚　亜高木

1 cm

急に細まり、短い尾状

中央より上で最も幅が広く細長い

質は厚くて硬い

両面とも無毛

裏面はやや青白い

つけねは丸いか浅いハート形

単鋸歯が中心で、浅く上向きに伏せる。先はほとんど伸びない。

葉柄は無毛。葉身のわりに短く、長さ15mm以下。

栽培品／早咲き

似た種類との見分け方

過去にヒカンザクラと呼ばれたことから、「ヒガンザクラ」の別名があるエドヒガンや'コヒガン'と混同される。また本種が親になったと考えられる'オカメ'や'ミヤビ'は花弁の色が濃く平らに開かないなどの特徴が共通しているので間違えやすい('オカメ'との見分け方はp.35を参照)。

識別 ①

エドヒガン(p.24)、**'コヒガン'**(p.40)は…
・萼筒や小花柄に毛が多い。
・萼筒は壺形で下部が著しく膨らむ。

識別 ②

'ミヤビ'(p.47)は…
・小花柄や萼筒に毛が多い。
・萼片の先は尖らず丸い。

リュウキュウカンヒザクラ

1月頃に「日本で最初に咲く桜」として、沖縄県のカンヒザクラの開花が報道されるが、これは花が平らに開くことから'リュウキュウカンヒザクラ'の名前で品種として区別されている。ただし、花の開き方以外にも本州で栽培されるカンヒザクラとは異なる点が多く、現在調査中である。

長い雄しべが目立つ家庭向きのサクランボ

シナミザクラ【支那実桜】
Prunus pseudocerasus Lindl.

中国原産の野生種。早春に咲く花は地味な印象だが、果実は甘酸っぱく食用に向く。セイヨウミザクラより木が小型で温暖な地域でも栽培できるため、「暖地桜桃」の商品名で家庭用果樹として流通している。

ほうき形

栽培品／早咲き

花弁に比べ雄しべが長く、ウメに似た印象。若葉は赤茶色で花後に開く。(砺波市 07/3/18)

❶花弁はほぼ白色で小型、幅8mm以下。縁が巻きこむ。雄しべは長く9mm以上。❷萼片は三角形を帯びた卵形で先端は尖る。縁の鋸歯は目立たない。❸萼筒は長さ6mm以下の浅いつりがね形、横しわが目立つ。小花柄に近い部分は毛が多い。小花柄に短毛が多い。❹最下の苞は菱形に近い卵形で小型、大きな鱗片に包まれていて目立たない。

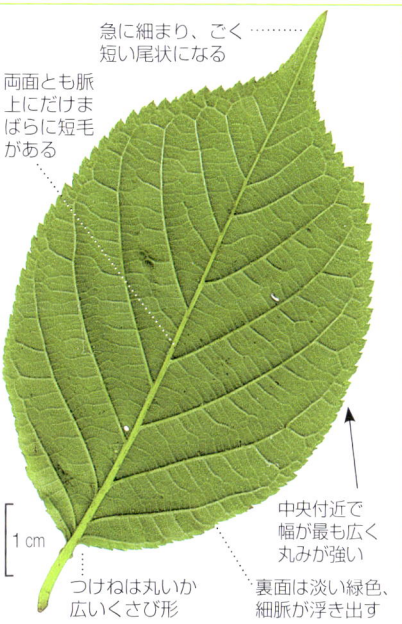

19〜24mm（標準22mm）　5枚　低木

急に細まり、ごく短い尾状になる

両面とも脈上にだけまばらに短毛がある

1 cm

つけねは丸いか広いくさび形

中央付近で幅が最も広く丸みが強い

裏面は淡い緑色、細脈が浮き出す

浅く開き気味の重鋸歯。先は伸び出さず、小さな腺になる。

葉柄には短毛がまばらに生える。長さ10–18mm。

栽培品／早咲き

似た種類との見分け方

本種が関係した栽培品種がいくつかあるが、最近よく栽培される'ツバキカンザクラ'は特に似ており間違えられることがある。また果物屋の店頭に並ぶサクランボはセイヨウミザクラの果実だが、苗の流通上の表示はあいまいなため混同されることがある。

識別 ①

'ツバキカンザクラ'（右上写真）は…
- 花弁は濃いピンク色。
- 花弁は大型で幅1cm以上。
- 萼筒はほぼ無毛、小花柄の毛もまばら。

識別 ②

セイヨウミザクラ（右下写真）は…
- 萼筒は壷形。
- 萼片は先が丸く明らかに反り返る。
- 果実は直径15mm以上で大型。

'ツバキカンザクラ'の花

セイヨウミザクラの花

ベルのような花が愛らしいイギリス生まれのサクラ

'オカメ' 【おかめ】

Prunus 'Okame'

1930年頃にカンヒザクラとマメザクラの交配によってイギリスで作出された園芸品種。低木で枝があまり横に広がらず狭い庭でも栽培できるので、最近は日本でも家庭向きのサクラとして人気がある。

広卵形

栽培品／早咲き

花は平らに開かない。満開時に若葉は開かない。　　　（富山県中央植物園 07/3/18）

❶花弁はやや濃いピンク色ですじが目立ち、細長い卵形。雄しべは長く8mm前後で目立ち、雌しべはさらに長く突き出す。❷萼片はほぼ三角形、小型で長さ4mm以下、紅色で無毛。❸萼筒はつりがね形で付け根部分が丸く膨らむ。長さ7-9mmで無毛。小花柄も無毛。❹最下の苞は丸みを帯びた菱形で長さ3-5mm、黄緑色。

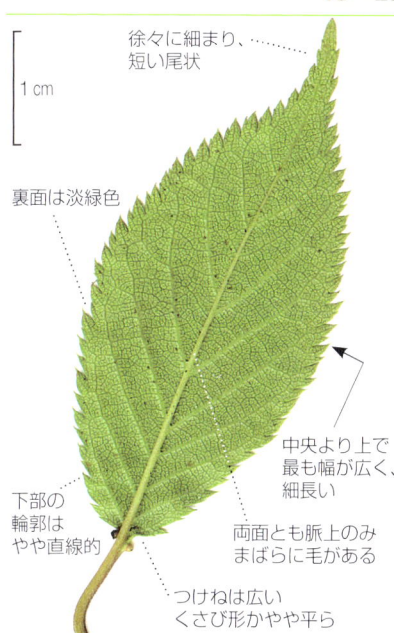

18 〜 25 mm(標準 23 mm)　5枚　亜高木

- 徐々に細まり、短い尾状
- 1 cm
- 裏面は淡緑色
- 中央より上で最も幅が広く、細長い
- 下部の輪郭はやや直線的
- 両面とも脈上のみまばらに毛がある
- つけねは広いくさび形かやや平ら

やや上向きで深い重鋸歯。先端は鋭く尖るが伸びない。

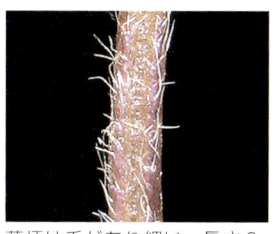

葉柄は毛があり細い。長さ 8 − 12 mm。

栽培品／早咲き

似た種類との見分け方

名前がユニークなためか正しい品種名で流通している場合が多く、混乱は比較的少ない。

　ただし、交配の両親種となったマメザクラやカンヒザクラとよく似ており、ときに間違えられることがある。

識別 ①

マメザクラ(p.18)は…
- 小花柄に毛がある。
- 萼筒は短く長さ 7 mm 以下。

識別 ②

カンヒザクラ(p.30)は…
- 花は濃紅色。
- 萼筒は大型で長さ 9 mm 以上。
- 苞はごく小型で目立たない。

海外生まれのサクラ

サクラは日本独自の花木というイメージが強いが、海外でも人気があり、さまざまな栽培品種が作出されている。'オカメ'がその代表例だが、この他にもソメイヨシノ'アメリカ'(上写真)や'アーコレード'(p.79)なども日本に導入され、苗が市販されている。

早春の切花でおなじみのサクラ

'トウカイザクラ' 【東海桜】

Prunus 'Takenakae'

シナミザクラや'コヒガン'、カンヒザクラが関係して生じたと考えられる栽培品種。促成栽培に向くため、山形県や富山県などで「敬翁桜」または「啓翁桜」の名で早春の切花として生産されている。

ほうき形

栽培品／早咲き

上向きの枝に花が多数つく。満開時には赤茶色の若葉が伸び始める。 （富山県中央植物園 07/3/27）

❶ 花弁はピンク色で縦方向のしわが目立ち、細長い卵形。雄しべは短く7mm以下。❷ 萼片は三角形で4mm前後、縁は巻きこみ、下方に1−2個の浅い鋸歯がある。❸ 萼筒は長さ6mm以下の浅いつりがね形で、萼片に近い部分はほぼ無毛で横じわが目立つ。❹ 日光が当たらない室内で開花した切枝は花色が淡く、かなり印象が異なる。

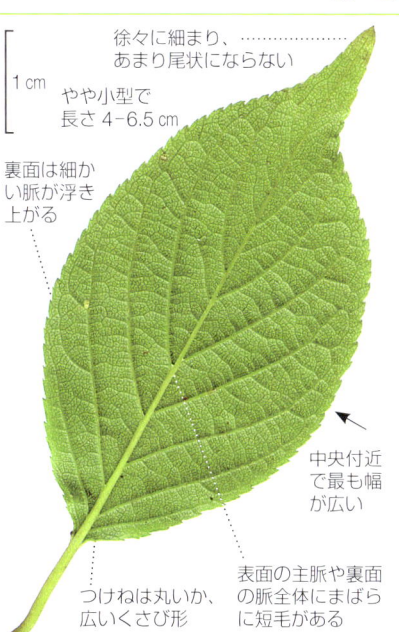

18〜24mm（標準22mm）　5枚　低木

徐々に細まり、あまり尾状にならない

やや小型で長さ4-6.5cm

1cm

裏面は細かい脈が浮き上がる

上向きに伏せたごく浅い重鋸歯。先は尖るが伸びない。

中央付近で最も幅が広い

つけねは丸いか、広いくさび形

表面の主脈や裏面の脈全体にまばらに短毛がある

葉柄はわずかに毛がある。長さ5-11mm。

栽培品／早咲き

似た種類との見分け方

栽培品種としての'ケイオウザクラ'（啓翁桜）はシナミザクラの台木にコヒガンを接いで生じたとされる別物で、一般にはほとんど栽培されていない。広く栽培される種類では、シナミザクラや'ツバキカンザクラ'が樹形や萼筒の形が似ており、ときに間違えられることがある。

識別 ①

'ケイオウザクラ'は…
- 萼片は狭い卵形で細い。
- 雄しべは長さ9mm以上で目立つ。

識別 ②

シナミザクラ（p.32）、
'ツバキカンザクラ'（p.33）は…
- 花弁の縁が内側に巻きこみ抱え咲き。
- 雄しべは長さ9mm以上で目立つ。

切花に使われるサクラ

切花として市販されるサクラの大部分は'トウカイザクラ'であるが、'コヒガン'なども出荷されている。'トウカイザクラ'が普及する以前には「ロトウザクラ」というものが長野県から出荷され広く流通したが、これはサクラ類よりもモモに近縁なノモモであった（上写真）。

古来から愛され続けた風になびく花枝が優美なサクラ

エドヒガン
'イトザクラ' 【糸桜】
Prunus itosakura Siebold

エドヒガンのうち、枝の成長が速く下向きに垂れる栽培品種。優美な風情から古くより各地で栽培されており、さまざまなクローンが存在するので花の色や大きさには変化が多い。一般にシダレザクラといわれる。

しだれ形

特徴はエドヒガンと同様だが、枝が垂れるので繊細な風情がある。（富山県中央植物園 07/4/2）

❶ 花弁は淡紅〜白色で、小型で長さ 13 mm 以下。
❷ 萼片は三角形状の卵形で小型、長さ 3-5 mm、縁に細かい鋸歯が多い。❸ 萼筒は長さ 5-7 mm の壺形で、玉のように膨れた部分は直線部分より大きい。開いた毛が密にある。小花柄はやや上向きの毛が密生。❹ 最下の苞は脱落しやすく、写真のように残っていない場合が多い。

20〜30mm(標準25mm)　5枚　高木

※エドヒガンと特徴はほぼ同様

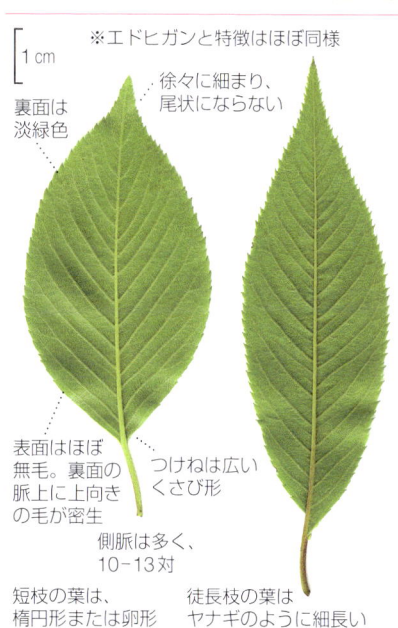

1cm

裏面は淡緑色

徐々に細まり、尾状にならない

鋸歯は細かく上向きに伏せた三角形。先は尖るが鋭くない。

表面はほぼ無毛。裏面の脈上に上向きの毛が密生

つけねは広いくさび形

側脈は多く、10-13対

短枝の葉は、楕円形または卵形

徒長枝の葉はヤナギのように細長い

葉柄には上向きの毛が密にある。長さは変異が大きい。

栽培品／同時期

似た種類との見分け方

枝が垂れる栽培品種はいくつかあるが、木が大型になる一重咲き品種で広く栽培されるものは、同じエドヒガンの一型である'ベニシダレ'と、ヤマザクラやオオシマザクラが関与してできた'センダイシダレ'の2品種であろう。'ベニシダレ'は花弁以外では'イトザクラ'と差はない。

識別 ①

エドヒガン'ベニシダレ'(右上写真)は…
・花弁は紅色が濃い。
・花弁は細長い卵形で縁が内側に巻く。

識別 ②

'センダイシダレ'(右下写真)は…
・花と同時に茶色を帯びた若葉が開く。
・萼筒は細長いつりがね形で膨らまない。
・萼筒や小花柄には毛がない。

'ベニシダレ'の花

'センダイシダレ'の花枝

細かい枝いっぱいに蝶が舞うように咲く

コヒガン
'コヒガン' 【小彼岸】
Prunus ×*subhirtella* Miq. 'Kohigan'

エドヒガンとマメザクラが関与したと考えられる栽培品種で、古くから全国的に栽培されている。木は小型で枝が細かく分かれ花つきもよいので、家庭での栽培にも向く。切り花としての流通もある。

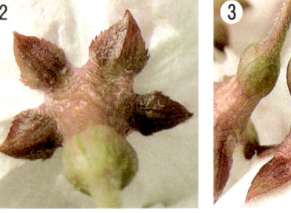

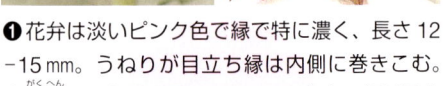

杯形

葉に先駆けて可憐な花が多数咲く。枝は細く数が多い。　（富山県中央植物園 08/3/31）

栽培品／同時期

❶ 花弁は淡いピンク色で縁で特に濃く、長さ12-15mm。うねりが目立ち縁は内側に巻きこむ。
❷ 萼片は五角形で長さ3-4mm、中央で幅が最大、1脈が目立ち、縁に鋸歯がある。❸ 萼筒は壷形で玉のように膨れた部分は直線部分より短く、最大幅は3mm以下。小花柄と共に上向きの毛がある。
❹ 最下の苞は長い楕円形、先端の鋸歯はやや鈍い。

25〜35 mm（標準30 mm）　5枚　低木

1 cm

徐々に細まり、尾状にならない

裏面は淡い黄緑色

小型。中央付近で最も幅が広い

つけねはごく広いくさび形

両面とも有毛、特に裏面の脈上に毛が多い

五角形状の浅い重鋸歯が多い。先は尖るが伸びない。

葉柄は長さ5-8 mmと短い。上向きの柔らかい毛が密にある。

栽培品／同時期

似た種類との見分け方

本品種の成立に関係したエドヒガンや、同じくエドヒガンが関与したコシノヒガンは、萼筒の下部が丸い玉のように膨らみ毛が多い点がよく似ており間違えやすい。コシノヒガン中でも特に一般に「高遠の小彼岸桜」として知られる1品種'タカトオコヒガン'（右写真）は名前からも混同が多い。

識別①

エドヒガン（p.24）は…
- 萼片は細長く三角形状の卵形。
- 萼筒の膨らむ部分は直線部分より大型。

識別②

コシノヒガン（p.42）、
コシノヒガン'タカトオコヒガン'は…
- 萼片は下部で幅が最大、長さ4.5 mm以上。
- 萼筒は最大部分の幅が3.5 mm以上で大型。

'タカトオコヒガン'の花

'タカトオコヒガン'の萼片

北陸生まれの柔らかな美しさに満ちたサクラ

コシノヒガン【越の彼岸】

Prunus ×koshiensis Koidz.

エドヒガンとキンキマメザクラが関与したと考えられる交雑品の総称で、野生状態では両者が分布する富山県で多く見られる。花が'ソメイヨシノ'に似た大型で美しい1系統が近年各地で植えられている。

広卵形

栽培品／同時期

普及系統は花時に葉が開かない。以下は本系統の解説。　（富山県中央植物園 07/4/2）

❶花弁は淡いピンク色で'ソメイヨシノ'より色濃く、卵形。長さ15-17mmで縁は内側に巻きこむ。❷萼片は細い卵形で長さ5-6mm、下部の張り出した部分で幅が最大、縁に鋸歯がある。❸萼筒は壺形で球状に膨れた部分は直線部分より短く、最大幅は4mm弱。小花柄と共に毛がある。❹最下の苞は楕円形で小型、鋸歯は鋭く尖る。

33〜38mm(標準35mm)　5枚　亜高木

- 1cm
- 急に細まり、短い尾状になる
- 中央よりやや上で最も幅が広い
- つけねは広いくさび形
- 裏面は淡い緑色
- 裏面の脈上に毛が多い

長い三角形状の重鋸歯。先は鋭く尖るが伸びない。

葉柄は長さ11〜17mm。上向きの毛が密にある。

栽培品／同時期

似た種類との見分け方

この種類の成立に関係したエドヒガンや、同じくエドヒガンが関与した'ソメイヨシノ'や'コヒガン'は、萼筒の下部が膨らむ、小花柄に毛が密に生えるなどの共通点が多く間違えやすい('コヒガン'との識別点はp.41参照)。

識別①

エドヒガン(p.24)は…
- 花弁は小型で長さ13mm以下。
- 萼筒の膨らむ部分は直線部分より大型。
- 満開時に花の苞や鱗片はほぼ落下する。

識別②

'ソメイヨシノ'(p.44)は…
- 萼片はつけね部分で幅が最大。
- 萼筒の膨らみは弱く縦長。
- 花の苞や鱗片が大型でよく目立つ。

さまざまなコシノヒガン

コシノヒガンは雑種の総称であり多様な型が含まれる。全国的に栽培されるのは本書で紹介したタイプであるが、図鑑類では富山県南砺市の有名な自生地で増殖、植栽されたタイプ(上写真)が掲載される場合が多い。また'タカトオコヒガン'(p.41)もコシノヒガンの一型である。

現代人に最も馴染み深いサクラの代表品種

ソメイヨシノ
'ソメイヨシノ' 【染井吉野】
Prunus ×yedoensis Matsum. 'Somei-yoshino'

最も広く栽培される現代のサクラの代表品種で、北海道南部～九州に至る各地で気象台の開花観測の対象となっている。江戸時代にエドヒガンとオオシマザクラが関与して誕生したと考えられている。

傘形

葉は花後に伸びるので、木全体が花に包まれたように見える。(富山県中央植物園 07/4/8)

栽培品／同時期

❶花弁は白色に近い淡いピンク色で楕円形、長さ15mm前後で縦方向のしわがある。❷萼片は長さ5-6mmで細長く、先は尖るがやや鈍い。縁に著しい鋸歯が目立つ。❸萼筒は長さ7-8mmのわずかに壺形を帯びた筒形で膨らみ部分は縦に長く、短毛が多い。小花柄は開いた短毛が密にある。❹最下の苞は丸みのあるくさび形で外面にも毛が多い。

30〜35mm(標準33mm)　5枚　高木

表面は無毛、裏面の脈上のみ有毛

徐々に細まり、尾状にならない

浅い重鋸歯が密にある。先は鋭く尖りやや伸びる。

中央で最も幅が広く、輪郭は丸みが強い

1cm

つけねは丸い

裏面は淡い緑色

葉柄には上向きの柔かい毛があるが、夏以降はまばらになる。

栽培品／同時期

似た種類との見分け方

エドヒガン(p.24)に似るが、'ソメイヨシノ'の萼筒の膨らみは弱く縦長。また'ソメイヨシノ'はてんぐす病に弱いことが問題となり、同系統で風情がよく似た以下の3品種がこれに代わり急速に普及しつつある。

識別 ①
'ジンダイアケボノ'(右上写真)は…
- 花は直径35mm以上で赤みが強い。
- 萼筒は壺型で長さ7mm以下。

識別 ②
'コマツオトメ'(右下写真)は…
- 花弁はほぼ円形で赤みが強い。
- 萼片は短い三角形で長さ4mm以下。

識別 ③
'ヨウシュン'は…
- 花は直径35mm以上で赤みが強い。

'ジンダイアケボノ'の花

'コマツオトメ'の花

色の濃い大輪の花が枝いっぱいに咲く華やかなサクラ

'ヨウコウ' 【陽光】

Prunus 'Yoko'

広義のソメイヨシノの一品種'アマギヨシノ'とカンヒザクラの交配により作出され、1981年に登録された栽培品種。大型で色の濃い花が多数咲き華やかであるため、各地の公園などに植えられている。

広卵形

栽培品／同時期

'ソメイヨシノ'に似た風情だが花色が濃く大型。葉は花後に伸びる。（五泉市 08/4/13）

❶ 花弁は濃いピンク色、長さ 17-22 mm と大型。うねりが目立ち先端に不規則な鋸歯がある。❷ 萼片（がくへん）は長さ約 7 mm、紅色。縁に鋸歯はないが上部に粗い切れこみの入るものが混ざる。先端は尖る。❸ 萼筒（がくとう）は長い筒状のつりがね形で脈上のみ有毛。小花柄には短毛が密にある。❹ 最下の苞（ほう）は扇形（おうぎ）で幅が広く、上部に粗く鋭い鋸歯がある。

38～45mm（標準42mm）　5枚　高木

1 cm

急に細まり、短い尾状になる

大型で厚い。
中央付近で
最も幅が広く
縁がうねる

両面とも無毛

つけねは広いくさび形

裏面は淡い緑色

開いた重鋸歯と単鋸歯が混ざる。
先は鋭く尖りわずかに伸びる。

葉柄は無毛で表面はなめらか。
長さ20‒25mm。

栽培品／同時期

似た種類との見分け方

花が一重咲きで色が濃く大型である点では'カワヅザクラ'や'シュゼンジカンザクラ'によく似ている（ただし開花期はかなり異なる）。また、花色が濃く小花柄に毛が多い点は、皇太子ご成婚の頃に流通が多かった'ミヤビ'と共通であり、ときに間違えられることがある。

識別 ①

'カワヅザクラ'（p.28）、
'シュゼンジカンザクラ'（p.29）は…

・小花柄は無毛。
・花弁の縁に細かい鋸歯はない。

識別 ②

'ミヤビ'（右写真）は…

・花弁は長さ約15mm。
・萼片は短く長さ4‒5mm、先が丸い。

'ミヤビ'の花

'ミヤビ'の萼

47

名作文学にも登場する八重咲きで華麗な枝垂桜

エドヒガン
'ヤエベニシダレ' 【八重紅枝垂】
Prunus itosakura Siebold 'Plena-rosea'

エドヒガンのうち、枝が下向きに垂れ花が色濃く八重咲きになった栽培品種。古くより栽培されている。京都・平安神宮が名所として有名で、谷崎潤一郎の「細雪」や川端康成「古都」にも美しい描写がある。

しだれ形

下向きに伸びた枝に華やかな花がたわわに咲く。葉は花後に伸びる。(富山県中央植物園 07/4/12)

栽培品／同時期

❶ 花弁はやや濃いピンク色で細長く、長さ10-14mmと小型、よじれやうねりがある。❷ 萼片は横長の五角形、小型で長さ2-3mm。縁に細かい鋸歯がある。❸ 萼筒は壺形を帯びた短い筒形、長さ5-6mm。小花柄とともに短毛が多い。❹ 最下の苞は脱落しやすく、満開時にはほとんど残っていない(写真では1枚だけ残っている)。

20〜30mm（標準26mm）　13〜30枚　**亜高木**

1cm

※エドヒガンと特徴はほぼ同様

徐々に細まり、尾状にならない

裏面は淡緑色

表面はほぼ無毛。裏面の脈上に上向きの毛が多い

つけねはくさび形

側脈は多く、10-13対

短枝の葉は楕円形または卵形

徒長枝の葉はヤナギのように細長い

鋸歯は細かく上向きに伏せた三角形。先は尖るが伸びない。

葉柄には上向きの毛が密にある。葉身のわりに長く、15-21mm。

栽培品／同時期

似た種類との見分け方

八重咲きで枝が垂れる栽培品種のうち、本品種以外で一般的に植えられているものに'キクシダレ'と'ウジョウシダレ'の2品種がある。特に'ウジョウシダレ'は花の雰囲気がよく似ており間違えやすい。

識別①

'キクシダレ'（右上写真）は…
- 花弁は50枚以上で雄しべが見えない。
- 小花柄は無毛。
- 満開時に若葉がかなり伸びる。

識別②

'ウジョウシダレ'（右下写真）は…
- 花弁はよじれず、花が平らに開く。
- 萼片は縦長で長さ3-4mm。
- 萼筒がない花が混ざる。

'キクシダレ'の花

'ウジョウシダレ'の花

49

ヤマザクラに風情が似た牧野富太郎お気に入りのサクラ

'センダイヤ' 【仙台屋】

Prunus 'Sendaiya'

ヤマザクラやオオヤマザクラなどが関与したと思われる栽培品種で、品種名は高知の仙台屋という商家にあったことによる。高知県出身の植物学者・牧野富太郎が大変気に入っていたことでも知られている。

広卵形

栽培品／同時期

赤茶色の葉が花と同時に開きヤマザクラに似るが、花色が濃い。(富山県中央植物園 07/4/11)

❶花弁は淡いピンク色だが縁や裏面は色が濃い。ややうねりが目立つ。❷萼片は紅色で細長く、先端が伸び鋭く尖る。縁は鋸歯がなく内側に巻きこむ。❸萼筒は細い筒状のつりがね形、長さ8−9mm。小花柄とともに無毛。❹最下の苞はくさび形で幅約5mm、先端の鋸歯は細く伸び内側にあまり巻きこまない。大きな鱗片はほとんど粘らない。

38〜45mm(標準42mm)　5枚　高木

[1cm]

やや急に細まり、尾状に長く伸びる

中央で幅が最大
幅4.5cm以下

裏面は白っぽい

両面とも無毛

つけねは広い
くさび形〜やや平ら

上向きに伏せた単鋸歯と重鋸歯が混ざる。先端は長く伸びる。

葉柄は無毛。葉身の大きさの割に長く、23-32mm。

栽培品／同時期

似た種類との見分け方

ヤマザクラの栽培品種とされることも多いが、下記の識別①のような特徴がヤマザクラとは異なるため、複数の野生種が関与していると考えられる。最近ヤマザクラとして栽培されているものの中には本品種がかなり含まれているので注意が必要。また花に赤みが強い点はオオヤマザクラにも似ており、混同されることがある。

識別 ①

ヤマザクラ(p.10)は…
　・最下の苞は細く先端は内側に巻きこむ。
　・葉の鋸歯の先端は長く伸びない。

識別 ②

オオヤマザクラ(p.12)は…
　・苞の先端の鋸歯は太いこん棒状。
　・大型の鱗片や若葉がよく粘る。

牧野富太郎ゆかりのサクラ

'センダイヤ'の他にも牧野富太郎が関係した有名なものにヤマザクラの一品種・ワカキノサクラ(上写真)がある。このサクラは牧野が故郷である高知県佐川町で見出したユニークな小型の品種で、実生から2年で開花する。佐川町では苗が生産され、高知の朝市でも販売されている。

51

ハート形の花弁が可愛い修道院生まれのサクラ

コヒガン
'オモイガワ'【思川】
Prunus ×subhirtella Miq. 'Omoigawa'

サクラ研究者として有名な久保田秀夫が栃木県小山市の修道院にあったコヒガン'ジュウガツザクラ'(p.78)の実生から育成したサクラ。明るい色調の花が可愛らしく近年急速に普及している。

傘形

栽培品／同時期

花は1花序に3個以上と多数つき、横に伸びた枝を覆うように咲く。（富山県立山町 08/4/20）

❶ 花弁はピンク色で長さ13-16mm。先は深く切れこみハート形。外向きに2つ折りになるものが混ざる。雄しべは約50本。❷ 萼片は三角形、小型で長さ3.5mm以下。縁には毛と数個の鋸歯がある。❸ 萼筒は長さ5-6mmの短い筒形で、先端で幅が最大。小花柄と共に短毛が多い。❹ 最下の苞は楕円形、先端の鋸歯は細かく鋭い。

24〜30 mm(標準27 mm)　6〜9枚　亜高木

やや急に細くなり、……短い尾状

1cm 小型。質はやや厚い

中央で最も幅が広く、丸みが強い

つけねはくさび形

表面は無毛。裏面は脈上に短毛が多い

裏面は淡い緑色

やや上向きの細かい重鋸歯が多い。先は鋭く尖りやや伸びる。

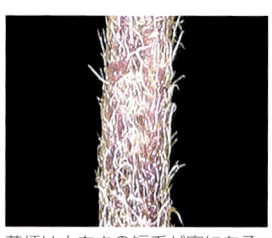

葉柄は上向きの短毛が密にある。葉身のわりに長めで11mm以上。

栽培品／同時期

似た種類との見分け方

親となった二季咲き性品種である'ジュウガツザクラ'や'アーコレード'の春に咲く花や、'ヤエベニヒガン'は萼や小花柄が有毛で花弁の色合いも似ているので間違えやすい。

識別 ①

'ジュウガツザクラ'(p.78)、'アーコレード'(p.79)は…

・花弁は細長く10枚以上。
・萼筒は壺形を帯び中央で幅が最大。
・1花序あたりの花数は1-2個。

識別 ②

'ヤエベニヒガン'(右写真)は…

・花弁は10枚以上。
・萼片は五角形状で、先が突き出す。
・雄しべが非常に多く70本以上。

'ヤエベニヒガン'の花

'ヤエベニヒガン'の萼片

大輪八重咲きで開花が早い北海道生まれのサクラ

'ベニユタカ' 【紅豊】

Prunus 'Beni-yutaka'

北海道松前町の育種家・浅利政俊が1961年に作出したサクラで、栽培品種としては珍しくオクチョウジザクラ(p.23)が関与していると考えられる。他の八重咲き大輪の品種に先駆けて開花する。

広卵形

栽培品／同時期

赤みの強い花と同時に、茶色みを帯びた黄緑色の若葉が開き始める。（金沢市 07/4/14）

❶ 花弁はピンク色で特に縁や裏面で色が濃く、ねじれがあるが平らに開く。最外のものはほぼ円形で大型、長さ2cm前後。雄しべや雌しべは正常。❷ 萼片は長い卵形で先端が鋭く尖り、縁には毛がある。❸ 萼筒は短いつりがね形、小花柄と共に無毛。❹ 最下の苞は大型で広いくさび形、鋸歯は鋭い。大きな鱗片は幅広く、粘る。

43〜50 mm（標準47 mm）　13〜18枚　亜高木

- 1 cm
- 急に細まり、ごく短い尾状
- 中央付近で最も幅が広く、丸みがある
- つけねは丸い
- 裏面は淡い黄緑色
- 表面の主脈下部のみ有毛

開いた単鋸歯と重鋸歯が混ざる。先端は長く伸びる。

葉柄は太く、上面の溝部分に毛がある。長さ 20-25 mm。

栽培品／同時期

似た種類との見分け方

本品種と同様に、八重咲きで大輪の花が咲く栽培品種で広く栽培されるものには、「ワセミヤコ」という名で苗も流通する 'タカサゴ' がある。また花色が濃い八重咲き大輪品種という点は 'カンザン' と共通している（ただし開花期はかなり異なる）。

識別 ①

'タカサゴ'（右写真）は…
- 花弁はごく淡いピンク色で 5-12 枚。
- 萼筒は太く長い筒状のつりがね形。
- 萼筒や小花柄に開いた毛が多い。

識別 ②

'カンザン'（p.66）は…
- 雄しべの先端は長く伸び白〜淡紅色。
- 萼片の縁には毛がない。
- 萼筒の上部に横しわが目立つ。

'タカサゴ' の花

'タカサゴ' の萼筒

明るいピンク色で花数が多いやや早咲きの八重咲き品種

'イチヨウ'【一葉】

Prunus 'Hisakura'

東京・荒川堤から広まった栽培品種で関東地方に多いとされるが、現在では全国で栽培される。品種名は雌しべが1本で下部が葉に変化する花が多いことによる。花が大きな八重咲き品種中では花期が早い。

傘形

小花柄は長さ25mm以上で垂れ、花時に茶色みのある若葉が伸びる。(富山県中央植物園 07/4/18)

栽培品／遅咲き

❶花弁は淡いピンク色で中心は白色に近く、うねりがあるが平らに開く。雄しべは長さ約4mmで短い。雌しべは長く13-15mm、通常1本で中央以下は葉に変化し、上部は紅色。❷萼片は長さ5-7mm、縁に鋸歯はない。❸萼筒は長さ5-6mmのろうと形で凹凸が目立ち、小花柄と共に無毛。❹最下の苞は広いくさび形、鋸歯は浅い。

40〜50mm(標準45mm)　20〜30枚　高木

1 cm

急に細まり、短い尾状

両面とも無毛

上向きで細かい重鋸歯が多い。先端は長く伸びる。

裏面は淡い緑色でやや白みを帯びる

つけねは丸みのある広いくさび形

遅咲き品種中では横長で小型。長さ8cm程度のものが多い

葉柄には毛がなく、長さ20-30mm。

似た種類との見分け方

本品種は花が八重咲きで大きなものの中では開花期が早いので比較的わかりやすいが、花色が淡い'フゲンゾウ'や'ショウゲツ'と間違えることがある('ショウゲツ'との識別はp.61)。またやや花色が濃い'ヤエベニトラノオ'などのエド系と呼ばれる品種群とも混同される場合がある。

識別①

'フゲンゾウ'(p.64)は…
・雌しべは2本で上部まで葉に変化する。
・萼片は長さ9mm以上で鋸歯がある。
・苞の鋸歯は粗く、深さ約1mm。

識別②

エド系の品種群(右写真)は…
・萼筒は長さ7-8mmで細長い。
・小花柄は短く長さ20mm以下。

'ヤエベニトラノオ'の花

'ヤエベニトラノオ'の萼

栽培品／遅咲き

小さな鉢植えが出回る樹高の低い八重咲き品種

'アサヒヤマ' 【旭山】

Prunus 'Asahiyama'

成長しても樹高が大人の背丈程度にしかならない小型の八重咲き品種で、鉢植えに使われるサクラの代表品種。本来の開花期は遅く花色も濃いが、室内で開花させて早春に出回るものは花色が淡い。

広卵形

鉢植えでの販売が多い。花時に茶色みのある黄緑色の葉が伸び始める。(富山県中央植物園 07/4/10)

栽培品／遅咲き

❶花弁はやや濃いピンク色、外側の5枚に比べて内側のものは小型で立ちあがる。雄しべ、雌しべとも正常。❷萼片は長い三角状の卵形、長さ5-7mm、縁に鋸歯はないが細かい毛があり内側に巻きこむ。❸萼筒は長さ5-6mmのつりがね形でやや凹凸があり、小花柄と共に無毛。❹最下の苞は広いくさび形、鋸歯は非常に深い。

35〜42mm（標準38mm）　8〜18枚　低木

[1cm]

- 急に細まり、長い尾状
- 両面とも無毛
- 裏面は淡い緑色
- 遅咲き品種中では小型。下部のラインは直線的
- つけねはくさび形

やや開いた重鋸歯が中心。先端は長く伸びる。

葉柄には毛がなく、長さ18–30mm。

似た種類との見分け方

鉢植えで流通する八重咲きのサクラの大半は本品種だが、同様の仕立て方で流通がある'タカサゴ'は花形が似ており間違えることもある。また、樹形は異なるが鉢植えが流通する'オシドリザクラ'は花色がやや濃いピンク色である点が共通している。

識別①
'**タカサゴ**'（p.55）は…
- 花弁は白色に近いピンク色。
- 萼片は平坦で縁が巻きこまない。
- 萼筒や小花柄は毛が多い。

識別②
'**オシドリザクラ**'（コラム写真）は…
- 花弁の縁は著しくうねる。
- 雌しべが2本以上ある花が多い。
- 萼筒や小花柄は毛が多い。

鉢植えで市販されるサクラ

鉢植えで流通するサクラには本品種以外にも'タカサゴ'（p.55）やマメザクラ（p.18）、'オカメ'（p.34）、'オシドリザクラ'（上写真）などがある。これらはいずれも若木のうちから多数の花が咲き樹高も低いので、狭い家庭の庭での地植えにも向いている。

栽培品／遅咲き

若葉の緑色と明るい花色の対比が爽やかな大輪のサクラ

'ショウゲツ' 【松月】

Prunus 'Superba'

東京の荒川堤から広まった品種で、関東地方を中心に栽培が多い。かつては桜湯の原料としても栽培されていた。花弁の縁の細かい鋸歯が目立つため、カーネーションの花を連想させる。

傘形

枝は横向きに伸びる。花時に開く若葉は黄緑色で全体に明るい印象。　（富山県中央植物園 07/4/23）

栽培品／遅咲き

❶花弁は白色に近く縁や裏面は明るいピンク色。雄しべは先が白色で長く伸び、雌しべは通常2本で上部まで葉に変化し緑色。❷萼片は幅広い卵形で長さ約7mm、先端はやや鈍く縁に鋸歯があり、写真のように6枚ある花も混ざる。❸萼筒はろうと形で凹凸が目立ち、小花柄と共に無毛。❹最下の苞はくさび形で黄緑色、鋸歯は深く目立つ。

45～58mm(標準52mm)　20～33枚　亜高木

[1cm]

徐々に細まり、短い尾状

裏面は淡い黄緑色でやや白みを帯びる

主にやや開いた重鋸歯。先端は著しく長く伸びる。

両面とも無毛

遅咲き品種中ではやや小型。長さ8cm程度のものが多い

つけねは丸いかごく広いくさび形

葉柄には毛がなく、長さ23-30mm。

似た種類との見分け方

花が八重咲きで比較的大型、色が淡いという特徴が共通する栽培品種はいくつかあるが、一般的に植えられるものの中では'イチヨウ'や'フゲンゾウ'がもっとも似ており、混同されることがある。

識別 ①

'イチヨウ'(p.56)は…
- 雌しべは1本で下部が葉に変化、先は紅色。
- 萼片の縁には鋸歯がない。
- 若葉は茶色みが強い。

識別 ②

'フゲンゾウ'(p.64)は…
- 蕾は暗さを感じるピンク色。
- 萼片は長く9mm以上、先端は鋭い。
- 若葉は茶色。

八重桜という品種はない

本品種のように八重咲きで大型の花が咲くサクラは一般に「八重桜」と呼ばれるが、'ヤエザクラ'という名の栽培品種は存在しない。各品種の歴史背景や観賞価値はかなり異なっているので、特性を理解する意味でも正確な栽培品種名で呼ぶ習慣を身につけたい。

栽培品／遅咲き

遅咲きの白い花が爽やかな「香りのサクラ」の代表品種

'スルガダイニオイ'【駿河台匂】

Prunus 'Surugadai-odora'

東京・荒川堤から報告された栽培品種で、もとは江戸の駿河台にあったことが品種名の由来とされる。一重咲きの花と半八重咲きの花が混ざって咲く。花に強い芳香があるため、近年各地で栽培される。

傘形

白色で花弁が少ないサクラとしては珍しく遅咲き。濃い茶色の若葉が目立つ。(富山県立山町 07/4/30)

栽培品／遅咲き

❶外側5枚の花弁は白色で縁に細かい切れこみが目立ち、やや外側に反る。中央の花弁は小型で立ち上がる。❷萼片は卵形で幅3-4mm、縁にあまり目立たない鋸歯が数個ある。❸萼筒は細いつりがね形で長さ8-9mm、茶色みを帯びた黄緑色、小花柄と共に無毛。❹最下の苞はくさび形で幅7-8mm、やや外側に反り、鋸歯は浅い。

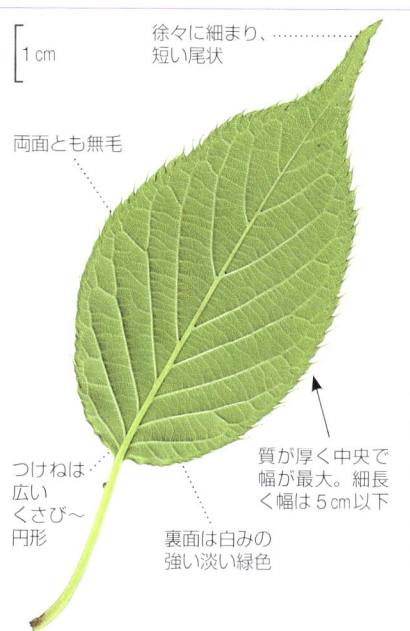

32 〜 38 mm（標準36 mm）　5 〜 9 枚　亜高木

徐々に細まり、短い尾状

[1 cm]

両面とも無毛

上向きの重鋸歯が多い。先端は著しく長く伸びる。

つけねは広いくさび〜円形

質が厚く中央で幅が最大。細長く幅は5 cm以下

裏面は白みの強い淡い緑色

葉柄には毛がない。非常に長く30-45 mm。

似た種類との見分け方

本品種に似た、花が白色で芳香性の栽培品種がいくつか知られるが、これらは苗木の流通はほとんどなく一般的には栽培されていない。むしろ、本品種の成立に関与したと考えられる野生種のヤマザクラやオオシマザクラの方が栽培も多いため、間違える可能性が高い。本品種を同定する時には花だけでなく葉の特徴も調査することが重要である（オオシマザクラとの識別点は p.17 を参照）。

識別 ①

ヤマザクラ(p.10)は…
- 萼片は細く幅3 mm以下。
- 最下の苞は小型で幅3.5 mm以下。
- 最下の苞の縁は内側に巻きこむ。
- 葉の鋸歯の先端は少し伸びる程度。

花が香るサクラ

サクラの香りといえば桜餅の葉の匂いを連想するが、本品種のように花が香る種類もある。野生種では、オオシマザクラは花が香る個体が多い。普及している栽培品種では、サクラとしては珍しく花が上向きに咲くため同定しやすい 'アマノガワ'（上写真）などで花の香りを楽しめる。

栽培品／遅咲き

気品のある白象を連想させるシックな色調のサクラ

'フゲンゾウ' 【普賢象】

Prunus 'Albo-rosea'

古くから知られる品種で、全国各地で植栽される。品種名は、葉に変化した2本の雌しべから普賢菩薩が乗る白象を連想することによるといわれる。花や若葉はシックな色調で落ち着いた印象がある。

傘形

花と同時に茶色い若葉が開く。蕾はわずかに灰色みを帯び独特の色調。(富山県中央植物園 07/4/23)

栽培品／遅咲き

❶外側の花弁は淡いピンク色、内側のものはほぼ白色。雄しべは先端が伸び白色、20本以上。雌しべは通常2本で上部まで葉に変化する。❷萼片は大型で長さ9-10mm、先端は鋭く尖り、縁に鋸歯が目立つ。❸萼筒はろうと形で凹凸が目立ち、小花柄と共に無毛。❹最下の苞は大型で長さ8-9mm、外側に反り、縁の鋸歯は深さ1mm。

42〜50 mm(標準47 mm)　28〜40枚　高木

[1 cm]

急に細まり、短い尾状

中央よりやや上で幅が最大。大型で長さ10 cm以上

両面とも無毛

つけねは丸いかごく広いくさび形

裏面は淡い緑色でやや白みを帯びる

主にやや上向きの重鋸歯。先端は長く伸びる。

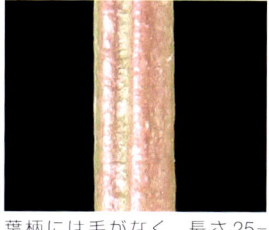

葉柄には毛がなく、長さ25-35 mm。

似た種類との見分け方

広く普及している栽培品種中では、花が八重咲きで比較的大型、色が淡いという特徴が共通する'イチヨウ'や'ショウゲツ'が最も似ており間違えやすい('イチヨウ'との識別点はp.57、'ショウゲツ'との識別点はp.61を参照)。また、北海道の松前町で育種された品種群の中には花形が似たものがいくつかあり、中でも最近各地で普及しつつある'ハナガサ'は非常に似ており今後混乱も予想される。

識別 ①

'ハナガサ'(右写真)は…
- 蕾や花弁は明るく華やかなピンク色。
- 雄しべは少なく15本以下。
- 萼片はほぼ三角形で長さ8 mm以下。
- 最下の苞は長さ8 mm以下で内巻き。

'ハナガサ'の花枝

'ハナガサ'の最下の苞

栽培品／遅咲き

桜湯にも使われる豪華な八重咲きのサクラの代表品種

'カンザン' 【関山】

Prunus 'Sekiyama'

東京の荒川堤から広まったといわれる栽培品種。赤みの強い豪華な花が印象的で、現在では八重咲きのサクラといえばこの品種を連想する人が多い。開きかけの花は塩漬けに加工し、桜湯の原料とされる。

杯形

色の濃い花と若葉が同時に開く。小花柄は太くて垂れ下がらない。（富山県中央植物園 07/4/23）

栽培品／遅咲き

❶ 花弁は濃いピンク色、ねじれやうねりがあるが先端は巻きこまない。雄しべは先端が伸び白〜紅色、長さ約6mm。雌しべは通常2本で葉に変化するものが多いが正常なものもある。❷ 萼片の縁は鋸歯がなく内側に巻きこむ。❸ 萼筒はろうと形で開口部に横しわがあり、小花柄とともに無毛。❹ 最下の苞は丸みが強く、鋸歯は深さ0.5mm。

45〜55mm(標準49mm)　27〜35枚　高木

[1cm

急に細まり、ごく短い尾状

中央より上で幅が最大。大型で長さ10cm以上

両面とも無毛

裏面は白みが強い淡緑色

つけねはやや広いくさび形

鋸歯はやや開いて浅く、数が多い。先端は長く伸びる。

葉柄には毛がなく、長さ22-28mm。

似た種類との見分け方

かつては身近にある花や葉に赤みが強い八重咲きで遅咲きのものなら本品種である可能性が非常に高かったが、近年はよく似た'コウカ'が急速に普及しつつあり、注意が必要。また、風情は異なるが花色がやや濃い'ヤエベニトラノオ'などのエド系と総称される品種群ともときに混同される。

識別 ①
'コウカ'(右写真)は…
・花弁は縁が内側に巻きこむ。
・雄しべはごく短く4mm程度。
・小花柄は細く、下向きに垂れ下がる。

識別 ②
エド系の品種群(p.57)は…
・萼筒は長い。
・若葉は茶色みを帯びた明るい黄緑色。

'コウカ'の花枝

'コウカ'の花の中心部

栽培品／遅咲き

海外でも人気が高い黄色い花が咲くサクラ

'ウコン' 【鬱金】

Prunus 'Grandiflora'

サクラとしては珍しい淡い黄色の花が咲くことで有名な栽培品種で、全国で栽培され海外でも人気が高い。品種名は、この花色を骨董品を包むことで有名なウコン染めの布の色に見立てたものといわれる。

杯形

花は咲き進むと紅色を帯びる。花と同時に開く若葉は茶色みが強い。（富山県中央植物園 07/4/25）

栽培品／遅咲き

❶花弁は淡い黄色、まれに緑色部分が入る花もあるがその部分の割合は低い。雄しべは正常で短く約3mm。雌しべも正常で長く突き出す。❷萼片は狭い卵形でふつう縁に鋸歯はないが、一部に鋸歯のある花も混ざる。❸萼筒はろうと形でやや凹凸が目立ち、小花柄と共に無毛。❹最下の苞は丸みが強く外側に反り、縁の鋸歯は深さ約1mm。

37〜45 mm（標準41 mm）　12〜20枚　高木

[1 cm

急に細まり、短い尾状

中央より上で幅が最大。細長く幅5 cm以下のものが大半

上向きの単鋸歯と重鋸歯が混ざる。先端は長く伸びる。

両面とも無毛

裏面は白みが強い淡黄緑色

つけねはくさび形

葉柄には毛がなく、やや長めで25–37 mm。

似た種類との見分け方

花弁が黄色を帯びる品種は非常に少なく、一般的に植えられているものならば本品種か'ギョイコウ'に限られていた（'ギョイコウ'との識別点は p.71 参照）。しかし、1990年に神戸市で'フゲンゾウ'の枝変わり品として発見された'スマウラフゲンゾウ'が近年急速に普及し始めているため、今後は注意が必要である。'スマウラフゲンゾウ'の花は'ウコン'よりも黄色みが強く、「黄金桜」などの商品名で販売されることがある。

識別 ①

'**スマウラフゲンゾウ**'（右写真）は…
- ・花弁が多く25枚以上。
- ・萼片は常に目立つ鋸歯がある。
- ・雌しべは通常2本で葉に変化している。

'スマウラフゲンゾウ'の花枝

'スマウラフゲンゾウ'の花

栽培品／遅咲き

緑色の花に由来する高貴な色の名がついたサクラ

'ギョイコウ' 【御衣黄】
Prunus 'Gioiko'

花弁に緑色の筋が入る珍奇な花色で有名な栽培品種で、品種名はこの花色を貴人が着用する衣服の色に見立てたものといわれる。古くから栽培されており、シーボルトが持ち帰った江戸時代の標本も現存する。

杯形

花の形や若葉の色などは'ウコン'(p.68)とよく似ている。　（富山県立山町 08/4/26）

栽培品／遅咲き

❶花弁は淡い黄緑色で明らかな緑色の筋模様が入る。緑色部分は面積が広い。雄しべは正常で短く約3mm。雌しべも正常で長く突き出す。❷萼片は狭い卵形でふつう縁に鋸歯はないが、一部に鋸歯のある花も混ざる。❸萼筒はろうと形でやや凹凸が目立ち、小花柄と共に無毛。❹最下の苞は丸みが強く外側に反り、縁の鋸歯は深さ約1mm。

34〜43mm(標準38mm)　11〜16枚　高木

[1cm]

急に細まり、短い尾状

中央より上で幅が最大。細長く幅5cm以下が大半

両面とも無毛

裏面は白みが強い淡黄緑色

つけねはくさび形

上向きの単鋸歯と重鋸歯が混ざる。先端は長く伸びる。

葉柄には毛がなく、やや長めで25-35mm。

似た種類との見分け方

花弁が黄緑色を帯びる品種は非常に少ないが、ごく近縁であると考えられる'ウコン'は酷似しており混乱がみられる。また最近は同系統の色の花が咲く比較的新しい品種である'スマウラフゲンゾウ'が急速に普及し始めており、注意を払う必要がある。

識別 ①
'ウコン'(p.68)は…
- 花弁の大部分は淡い黄色で、緑色部分はあってもわずか。

識別 ②
'スマウラフゲンゾウ'(p.69)は…
- 花弁はほぼ淡黄色で緑みが少ない。
- 花弁が多く25枚以上。
- 萼片は常に目立つ鋸歯がある。
- 雌しべは通常2本で葉に変化している。

もう一つの'ギョイコウ'

'ギョイコウ'として栽培されている個体中には、花が小型で緑色部分が多いもの(上写真)もあり、最近はこちらの方が広く栽培されている。この変異は遺伝的に決定されており、両者の観賞価値はかなり異なるため、別品種として区別するべきであるとの意見もある。

栽培品／遅咲き

兼六園に伝わる世界一花弁が多いサクラ

'ケンロクエンキクザクラ'【兼六園菊桜】

Prunus 'Sphaerantha'

金沢の兼六園に伝わる栽培品種。花弁が非常に多く300枚以上に及ぶこともあり、上品な和菓子を連想させる玉のような花が咲く。原木は枯死したが、増殖されたものが流通し、各地で栽培されている。

広卵形

桜シーズン最後を彩る品種。葉が完全に開いてから花が満開になる。（富山県中央植物園 07/4/30）

栽培品／遅咲き

❶ 花弁はごく淡いピンク色で非常に数が多いため玉のような花形になる。中心部の花弁は紅色でごく小型。雄しべは数が少なくほとんど目立たない。❷ 萼片は幅広く卵形で、縁は内側に巻きこむ。萼片の内側には幅広い副萼片が5枚ある。❸ 萼筒は不明瞭。小花柄は無毛。❹ 最下の苞はくさび形で黄緑色、鋸歯の先は伸びず、縁は内側に巻きこむ。

32〜40mm(標準35mm)　200〜350枚　亜高木

- 急に細まり、短い尾状　先端はやや鈍い
- 1cm
- 裏面はやや白みのある淡い黄緑色
- 主に上向きの浅い重鋸歯。先端は少し伸びる。 
- 中央付近で幅が最大。縁のラインは丸みが強い
- つけねは丸い
- 両面とも無毛
- 葉柄には毛がなく、短めで長さ16-25mm。

似た種類との見分け方

本品種のように花弁が100枚に及び玉のような花が咲くものは菊咲き性品種と呼ばれ、20品種以上が知られる。苗の流通があり一般的に植えられるものには本品種のほか'バイゴジジュズカケザクラ'や'キクシダレ'があるが、特に前者は本品種と間違えられ流通している場合がある。

識別①
'バイゴジジュズカケザクラ'(右写真)は…
- 花弁は全体にやや濃いピンク色。
- 雄しべは数が多く目立つ。
- 副萼片は細長く、8枚以上ある。

識別②
'キクシダレ'(p.49)は…
- 枝は下向きに伸びてしだれる。
- 花弁は濃いピンク色で100枚前後。

'バイゴジジュズカケザクラ'の花

'バイゴジジュズカケザクラ'の萼

栽培品／遅咲き

73

白い大きめの花で冬の花見が楽しめる二季咲き性品種

'フユザクラ' 【冬桜】

Prunus 'Parvifolia'

マメザクラやオオシマザクラなどが関与したと考えられる栽培品種。晩秋と春に多くの花が開花する二季咲き性で、暖地では冬の間も花が咲き続ける。群馬県藤岡市の桜山公園が名所として最も有名である。

傘形

秋に咲く花は小花柄が伸びない。花は満開を過ぎると紅色を帯びる。(富山県中央植物園 06/10/29)

栽培品／二季咲き

❶花弁は白色で大型、縁はやや外に反り、4枚の花も混ざる。❷萼片は楕円形、長さ6-7mmで萼筒とほぼ同長、縁の鋸歯は春の花では目立たないが、秋の花(上写真)では明らかなこともある。❸萼筒は短い筒形でつけねが少し膨らみ無毛。小花柄は無毛またはわずかに有毛。❹最下の苞は丸みが強く幅が広い。鋸歯は尖るが先は伸びない。

30〜42mm(標準36mm) 4〜5枚 亜高木

1cm

急に細まり太い尾状、先端は鈍い

表面全体と裏面の脈上にまばらに毛がある

裏面は淡い緑色

主にやや深く開いた重鋸歯。先は鋭く尖り、やや伸びる。

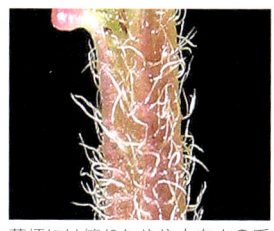

小型で長さ5-7cm。縁のラインは丸みが強い

つけねは丸いか、広いくさび形

葉柄には縮れたやや上向きの毛が多い。8-10mmと短い。

似た種類との見分け方

一重咲きの二季咲き性品種には本品種のほか'フダンザクラ'や'シキザクラ'があるが、前者は秋から冬にも新葉が伸び出すので識別が容易である上、一般的にはほとんど栽培されていない。

　また、晩冬から早春に開花する'カンザクラ'は誤ってフユザクラとよばれることがしばしばあるため注意が必要('カンザクラ'との識別点はp.27を参照)。

識別 ①
'シキザクラ'(p.76)は…
・花は小型で直径3cm以下。
・花弁が4枚の花はほとんどない。
・萼片は小型で長さ4mm以下。
・萼筒は小花柄に近い部分に毛がある。
・小花柄には毛が多い。

二季咲き性品種

一般にサクラは開花期間が短く春に1度だけ満開となるが、中には開花が秋から春まで続き、晩秋と早春の2回ピークがあるものがあり、二季咲き性品種と呼ばれる。春の花は秋や冬の花と比べて大型で小花柄が長いなどの傾向があり、かなり印象が異なる(上写真は'フユザクラ'の春の花)。

栽培品／二季咲き

75

紅葉の時期に可憐な一重の花が数多く咲く

コヒガン
'シキザクラ' 【四季桜】
Prunus ×*subhirtella* Miq. 'Semperflorens'

マメザクラとエドヒガンが関与したと考えられる二季咲き性の栽培品種。品種名は四季咲きの意味だが、夏は開花しない。各地で古くから栽培されているが、近年は愛知県豊田市が名所として知られている。

傘形

落葉の頃から開花する。花は'フユザクラ'(p.74)より小型で数が多い。　　（砺波市 08/11/11）

❶ 花弁は白色またはごく淡いピンク色で小型、縁はやや内側に巻きこむ。4枚の花弁の花はほとんどない。❷ 萼片は楕円形で長さ3–4mm、縁に鋸歯がある。❸ 萼筒は壺形を帯びた筒形で、ふくらんだ部分には毛が多い。小花柄もやや上向きの毛が多い。❹ 最下の苞は丸みのある幅広いくさび形、先端の鋸歯は尖るが先は伸びない。

栽培品／二季咲き

20〜30 mm(標準26 mm)　5枚　亜高木

徐々に細まり、短い尾状

1 cm

両面とも有毛、特に裏面の脈上に毛が多い

やや開いた粗く深い重鋸歯。先は鋭く尖るがほとんど伸びない。

小型で細長いものが多く、長さ4-6 cm

つけねはくさび形

裏面は淡い緑色

葉柄は上向きの毛が密にある。長さ8-11 mmと短い。

似た種類との見分け方

普及している一重咲きの二季咲き性品種には'フユザクラ'があり、混同されやすい（識別点は p.75 を参照）。また、本品種は「寒桜」とよばれることもあり、'カンザクラ'との混同もみられる。なお、本書では富山県で広く栽培されている型を紹介したが、全国で栽培されている'シキザクラ'の中には複数のクローン系統が含まれている可能性が高く、今後の検討が必要である。

識別 ①

'カンザクラ'(p.26)は…
- 早春の短期間だけに開花する。
- 萼片の縁には鋸歯がない。
- 萼筒は太いつりがね形で無毛。
- 小花柄は無毛。

返り咲き現象

本来春に咲く種類が秋に開花することがある。花芽が晩夏の落葉をきっかけに活動を始める現象で「返り咲き」と呼ばれ、虫や渇水の被害が大きな年に多発する。このような花では萼片が大型化するなど本来とは異なる特徴が現れ同定が難しい（写真はキンキマメザクラの返り咲きの花）。

栽培品／二季咲き

ピンクの小皿のような花が秋空に映える二季咲き性品種

コヒガン
'ジュウガツザクラ' 【十月桜】
Prunus ×*subhirtella* Miq. 'Autumnalis'

マメザクラとエドヒガンが関与したと考えられる二季咲き性の栽培品種で、名前どおり10月頃から春まで八重咲きの花が咲く。木は小型で家庭の庭にも向くので広く流通があり、各地で栽培されている。

傘形

紅葉や秋空を背景にピンク色の花が咲く様子は独特の風情がある。 （富山市 08/11/11）

❶花弁はピンク色で細長く、幅6-10mmで長さは幅の1.5倍以上、縁が裏側に反り返るものが混ざる。雌しべは1-2本で長く突き出す。❷萼片は長さ3-3.5mmで先端は尖るがやや鈍い。縁には浅い鋸歯がある。❸萼筒は短い壺形で長さ約4mm、幅約3mm、小花柄と共に有毛。❹苞は楕円形で小型、長さ4-6mm、幅2-3mm。

栽培品／二季咲き

26〜37 mm（標準32 mm） 11〜18枚 亜高木

1 cm

徐々に細まり、やや尾状

裏面は淡い黄緑色

開いた深い重鋸歯と単鋸歯が密にある。先は鋭く尖る。

つけねは広いくさび形

両面とも有毛、特に裏面の脈上に毛が多い

中央よりやや上で幅が最大、小型で長さ3-5 cm

葉柄は上向きの柔らかな毛が密にある。長さ11-15 mm。

似た種類との見分け方

八重咲きの二季咲き性品種には'アーコレード'や'コブクザクラ'があるが、特に最近普及しつつある前者は花の色や形がよく似ており、今後の混同が予想される（'コブクザクラ'との識別点は p.81 を参照）。また本品種は春咲きの'ヤエベニヒガン'とも似ている。

識別 ①
'アーコレード'（右写真）は…
- 花弁は広く大型で幅10 mm以上。
- 萼片は大型で長さ 4-5 mm。
- 最下の苞も大型、長さ 8-10 mm。

識別 ②
'ヤエベニヒガン'（p.53）は…
- 萼片は五角形を帯び先が突き出す。
- 萼筒は細長い壺形で長さ 6-8 mm。

'アーコレード'の秋の花

'アーコレード'の秋の花の萼片

栽培品／二季咲き

縁起のよい名前がある白い八重咲きの二季咲き性品種

'コブクザクラ' 【子福桜】

Prunus 'Kobuku-zakura'

比較的最近になって広く流通するようになった栽培品種で、白色八重咲きで小型の花が秋から春まで開花する。枝の伸びがよく切花用としても栽培される。流通名に混乱が多く他の品種との混乱もみられる。

杯形

花は咲き進むとピンク色を帯び、2色の花が咲くように見える。（富山県中央植物園 08/11/3）

❶花弁は満開時に白色で小型、中心部のものは内部に巻きこむ。雌しべは1-4本で突き出すが、花弁に隠れて見えない場合が多い。❷萼片は幅広く五角形を帯び、縁に粗い鋸歯が目立つ。❸萼筒はいびつに膨れた太いつりがね形で幅4-5mm、小花柄と共に毛が多い。❹最下の苞はくさび形で小型、鱗片に包まれて見えないことが多い。

栽培品／二季咲き

21〜32 mm(標準27 mm)　25〜35枚　亜高木

徐々に細まり、あまり尾状にならない

1 cm

中央で幅が最大、やや細く
長さ 4-7 cm

開いた重鋸歯が多い。先は鋭く尖り、わずかに伸びる。

裏面の脈上に少し毛がある

裏面は淡い黄緑色

つけねは丸みがあるくさび形

葉柄は長さ 9-15 mm。やや上向きの毛がある。

似た種類との見分け方

秋や冬にも八重咲きの花が咲く点が本品種と共通している'ジュウガツザクラ'は花の風情がかなり異なるが、混同されることが多い。流通段階でも本品種は'ジュウガツザクラ'として販売されることがあり、新聞記事などでもしばしば名前を取り違えて報道される。また「冬桜」という名前で呼ばれることもあるが、栽培品種としての'フユザクラ'（p.74）は一重咲きなので識別は容易である。

識別 ①

'ジュウガツザクラ'（p.78）は…
  ・花弁は常時ピンク色で 20 枚以下。
  ・中心部の花弁は内に巻きこまない。
  ・萼片の縁の鋸歯は浅く目立たない。
  ・萼筒は小型で幅は 3 mm 程度。

2つ並んだサクランボ

コブクザクラの雌しべは正常で1つの花に2本以上ある場合が多いので、上写真のように1つの柄に何個かの果実がつく様子が観察できる。品種名はこの様子を多くの子宝に恵まれる様子に見立てたものといわれている。木は比較的小型なので、結婚祝いに苗を贈るのもよいかもしれない。

栽培品／二季咲き

日本全国桜名所

※情報は、名所名（通称）・所在地・花の見頃（例年の目安）・問い合わせ（施設・役場・観光協会など）・特徴（主に見られる種類や本数の概数など）
※情報は 2019 年 1 月現在

（編集部作成）

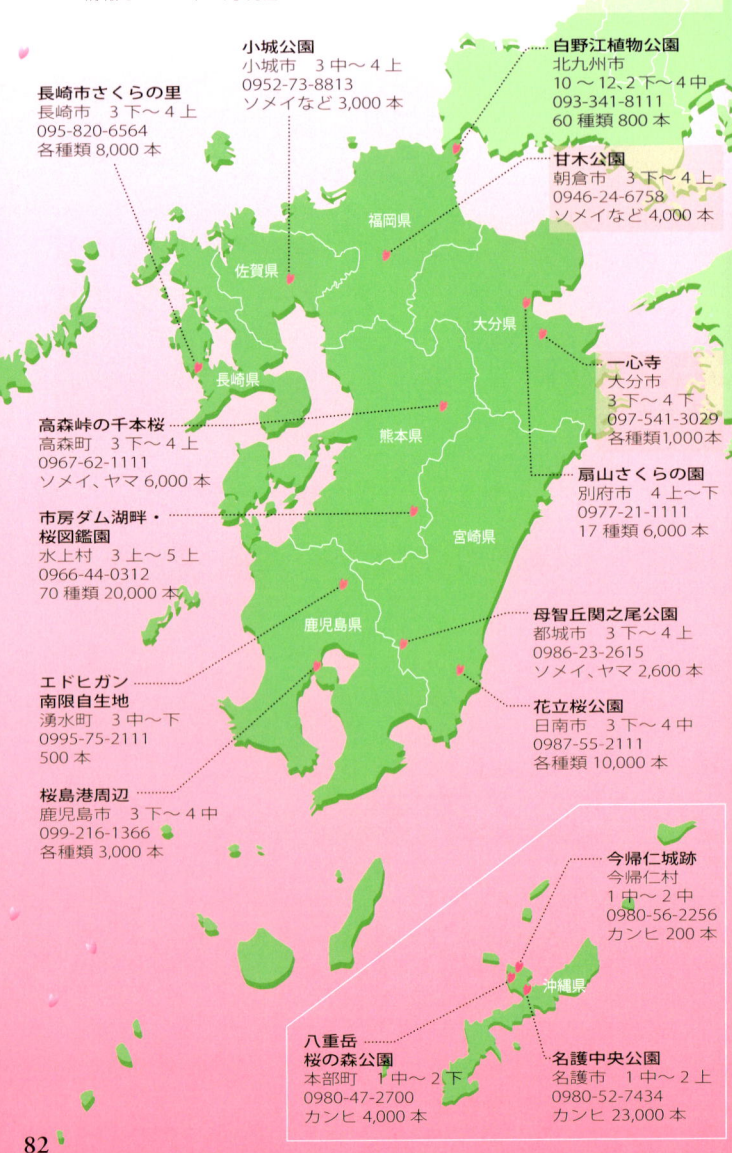

小城公園
小城市　3 中～4 上
0952-73-8813
ソメイなど 3,000 本

白野江植物公園
北九州市
10～12、2 下～4 中
093-341-8111
60 種類 800 本

長崎市さくらの里
長崎市　3 下～4 上
095-820-6564
各種類 8,000 本

甘木公園
朝倉市　3 下～4 上
0946-24-6758
ソメイなど 4,000 本

一心寺
大分市
3 下～4 下
097-541-3029
各種類 1,000 本

高森峠の千本桜
高森町　3 下～4 上
0967-62-1111
ソメイ、ヤマ 6,000 本

扇山さくらの園
別府市　4 上～下
0977-21-1111
17 種類 6,000 本

市房ダム湖畔・桜図鑑園
水上村　3 上～5 上
0966-44-0312
70 種類 20,000 本

母智丘関之尾公園
都城市　3 下～4 上
0986-23-2615
ソメイ、ヤマ 2,600 本

エドヒガン南限自生地
湧水町　3 中～下
0995-75-2111
500 本

花立桜公園
日南市　3 下～4 中
0987-55-2111
各種類 10,000 本

桜島港周辺
鹿児島市　3 下～4 中
099-216-1366
各種類 3,000 本

今帰仁城跡
今帰仁村
1 中～2 中
0980-56-2256
カンヒ 200 本

八重岳桜の森公園
本部町　1 中～2 下
0980-47-2700
カンヒ 4,000 本

名護中央公園
名護市　1 中～2 上
0980-52-7434
カンヒ 23,000 本

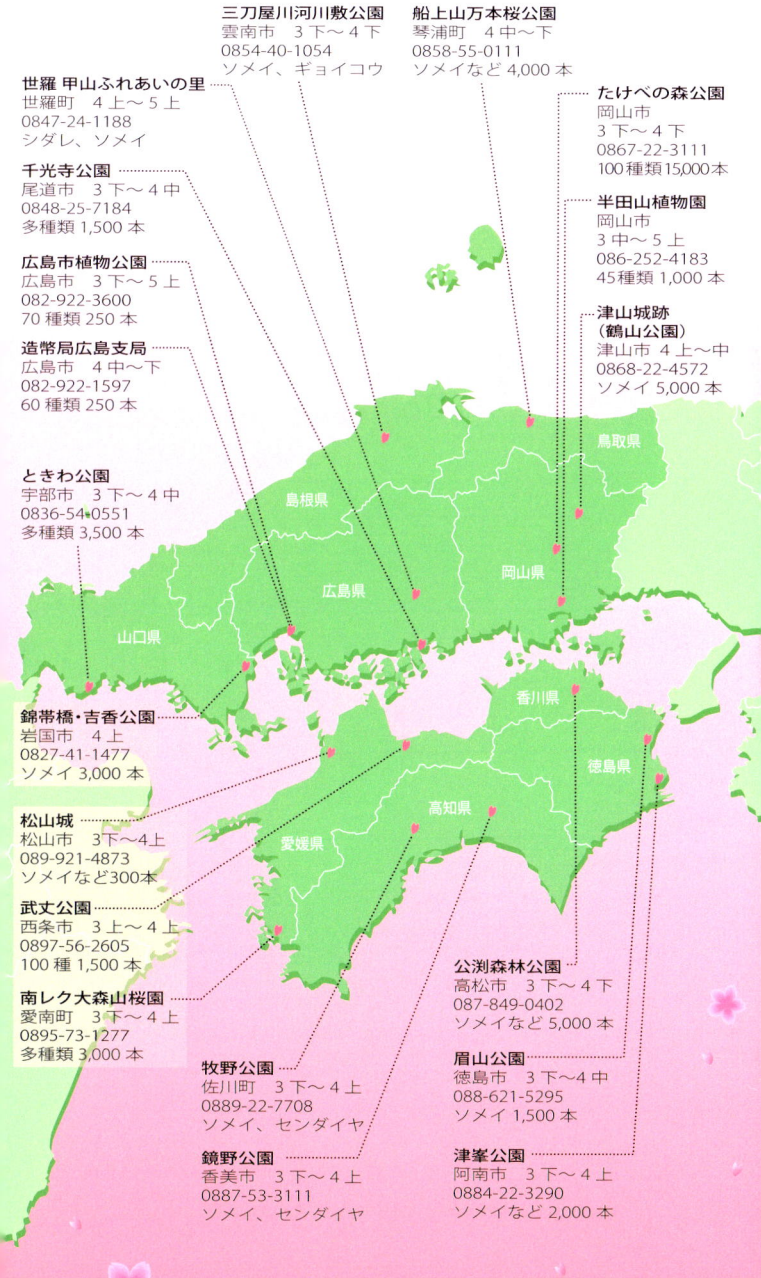

三刀屋川河川敷公園
雲南市　3下〜4下
0854-40-1054
ソメイ、ギョイコウ

船上山万本桜公園
琴浦町　4中〜下
0858-55-0111
ソメイなど 4,000 本

たけべの森公園
岡山市
3下〜4下
0867-22-3111
100種類15,000本

世羅 甲山ふれあいの里
世羅町　4上〜5上
0847-24-1188
シダレ、ソメイ

千光寺公園
尾道市　3下〜4中
0848-25-7184
多種類 1,500 本

半田山植物園
岡山市
3中〜5上
086-252-4183
45種類 1,000 本

広島市植物公園
広島市　3下〜5上
082-922-3600
70種類 250 本

**津山城跡
（鶴山公園）**
津山市　4上〜中
0868-22-4572
ソメイ 5,000 本

造幣局広島支局
広島市　4中〜下
082-922-1597
60種類 250 本

ときわ公園
宇部市　3下〜4中
0836-54-0551
多種類 3,500 本

錦帯橋・吉香公園
岩国市　4上
0827-41-1477
ソメイ 3,000 本

松山城
松山市　3下〜4上
089-921-4873
ソメイなど300本

武丈公園
西条市　3上〜4上
0897-56-2605
100種 1,500 本

南レク大森山桜園
愛南町　3下〜4上
0895-73-1277
多種類 3,000 本

牧野公園
佐川町　3下〜4上
0889-22-7708
ソメイ、センダイヤ

公渕森林公園
高松市　3下〜4下
087-849-0402
ソメイなど 5,000 本

眉山公園
徳島市　3下〜4中
088-621-5295
ソメイ 1,500 本

鏡野公園
香美市　3下〜4上
0887-53-3111
ソメイ、センダイヤ

津峯公園
阿南市　3下〜4上
0884-22-3290
ソメイなど 2,000 本

83

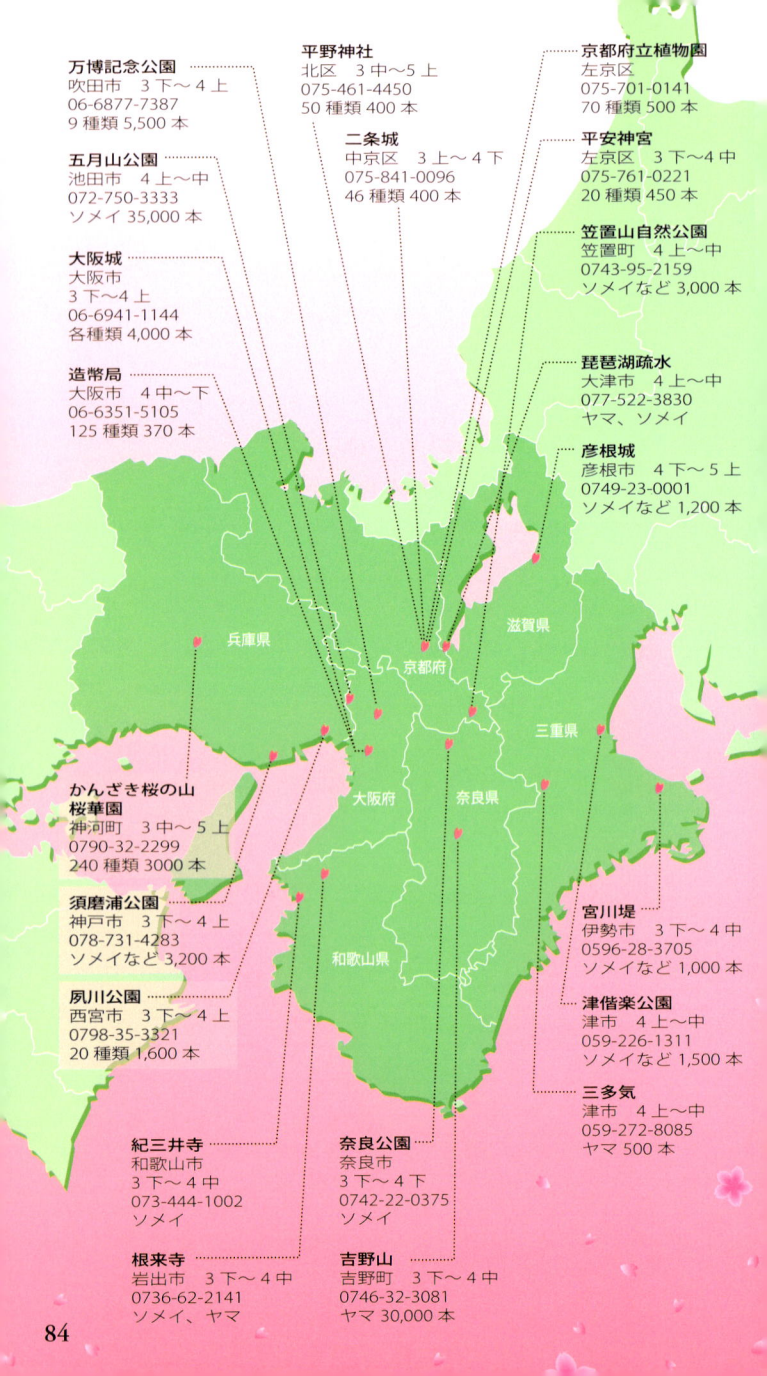

万博記念公園
吹田市　3下〜4上
06-6877-7387
9種類 5,500本

五月山公園
池田市　4上〜中
072-750-3333
ソメイ 35,000本

大阪城
大阪市
3下〜4上
06-6941-1144
各種類 4,000本

造幣局
大阪市　4中〜下
06-6351-5105
125種類 370本

平野神社
北区　3中〜5上
075-461-4450
50種類 400本

二条城
中京区　3上〜4下
075-841-0096
46種類 400本

京都府立植物園
左京区
075-701-0141
70種類 500本

平安神宮
左京区　3下〜4中
075-761-0221
20種類 450本

笠置山自然公園
笠置町　4上〜中
0743-95-2159
ソメイなど 3,000本

琵琶湖疏水
大津市　4上〜中
077-522-3830
ヤマ、ソメイ

彦根城
彦根市　4下〜5上
0749-23-0001
ソメイなど 1,200本

かんざき桜の山 桜華園
神河町　3中〜5上
0790-32-2299
240種類 3000本

須磨浦公園
神戸市　3下〜4上
078-731-4283
ソメイなど 3,200本

夙川公園
西宮市　3下〜4上
0798-35-3321
20種類 1,600本

紀三井寺
和歌山市
3下〜4中
073-444-1002
ソメイ

根来寺
岩出市　3下〜4中
0736-62-2141
ソメイ、ヤマ

奈良公園
奈良市
3下〜4下
0742-22-0375
ソメイ

吉野山
吉野町　3下〜4中
0746-32-3081
ヤマ 30,000本

宮川堤
伊勢市　3下〜4中
0596-28-3705
ソメイなど 1,000本

津偕楽公園
津市　4上〜中
059-226-1311
ソメイなど 1,500本

三多気
津市　4上〜中
059-272-8085
ヤマ 500本

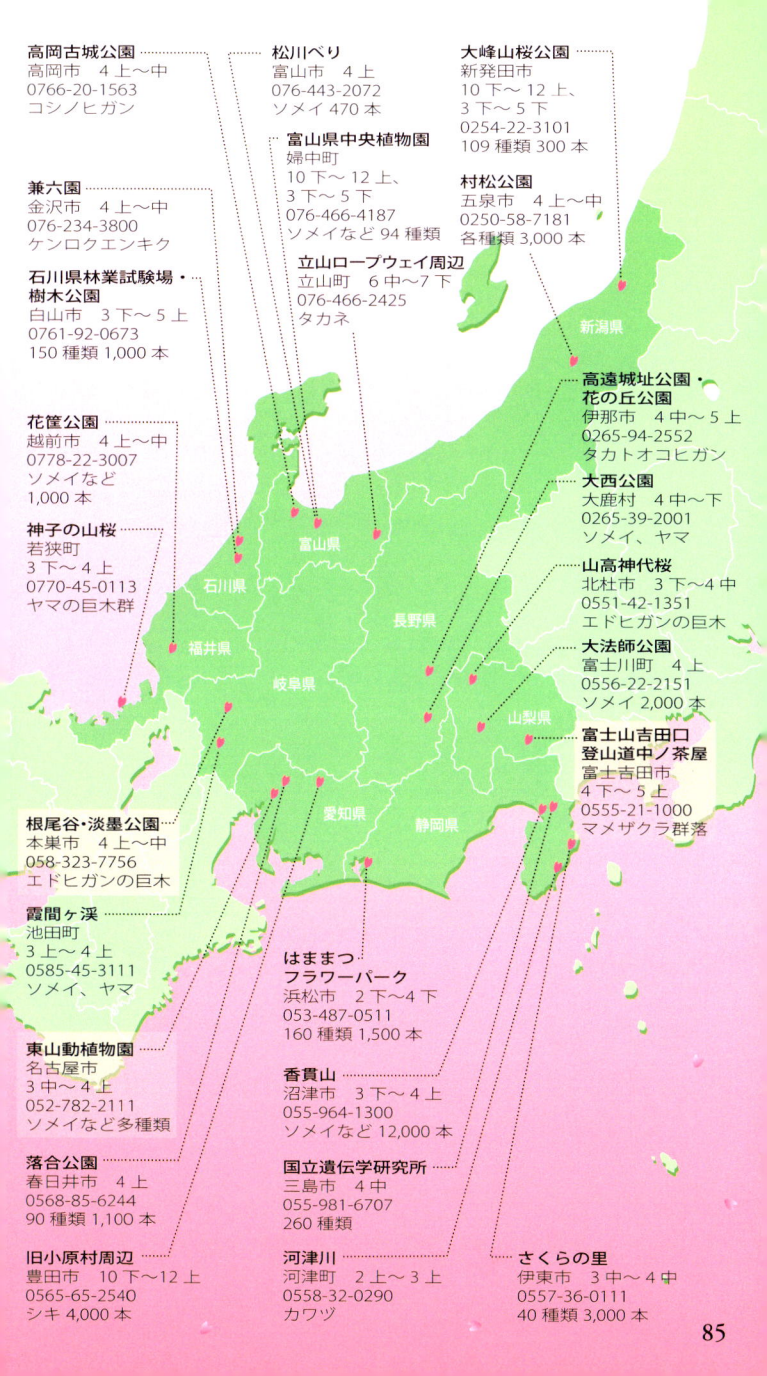

高岡古城公園
高岡市　4上〜中
0766-20-1563
コシノヒガン

松川べり
富山市　4上
076-443-2072
ソメイ 470 本

大峰山桜公園
新発田市
10下〜12上、
3下〜5下
0254-22-3101
109 種類 300 本

兼六園
金沢市　4上〜中
076-234-3800
ケンロクエンキク

富山県中央植物園
婦中町
10下〜12上、
3下〜5下
076-466-4187
ソメイなど 94 種類

村松公園
五泉市　4上〜中
0250-58-7181
各種類 3,000 本

石川県林業試験場・樹木公園
白山市　3下〜5上
0761-92-0673
150 種類 1,000 本

立山ロープウェイ周辺
立山町　6中〜7下
076-466-2425
タカネ

高遠城址公園・花の丘公園
伊那市　4中〜5上
0265-94-2552
タカトオコヒガン

花筐公園
越前市　4上〜中
0778-22-3007
ソメイなど
1,000 本

大西公園
大鹿村　4中〜下
0265-39-2001
ソメイ、ヤマ

神子の山桜
若狭町
3下〜4上
0770-45-0113
ヤマの巨木群

山高神代桜
北杜市　3下〜4中
0551-42-1351
エドヒガンの巨木

大法師公園
富士川町　4上
0556-22-2151
ソメイ 2,000 本

富士山吉田口登山道中ノ茶屋
富士吉田市
4下〜5上
0555-21-1000
マメザクラ群落

根尾谷・淡墨公園
本巣市　4上〜中
058-323-7756
エドヒガンの巨木

霞間ヶ渓
池田町
3上〜4上
0585-45-3111
ソメイ、ヤマ

はままつフラワーパーク
浜松市　2下〜4下
053-487-0511
160 種類 1,500 本

東山動植物園
名古屋市
3中〜4上
052-782-2111
ソメイなど多種類

香貫山
沼津市　3下〜4上
055-964-1300
ソメイなど 12,000 本

落合公園
春日井市　4上
0568-85-6244
90 種類 1,100 本

国立遺伝学研究所
三島市　4中
055-981-6707
260 種類

旧小原村周辺
豊田市　10下〜12上
0565-65-2540
シキ 4,000 本

河津川
河津町　2上〜3上
0558-32-0290
カワヅ

さくらの里
伊東市　3中〜4中
0557-36-0111
40 種類 3,000 本

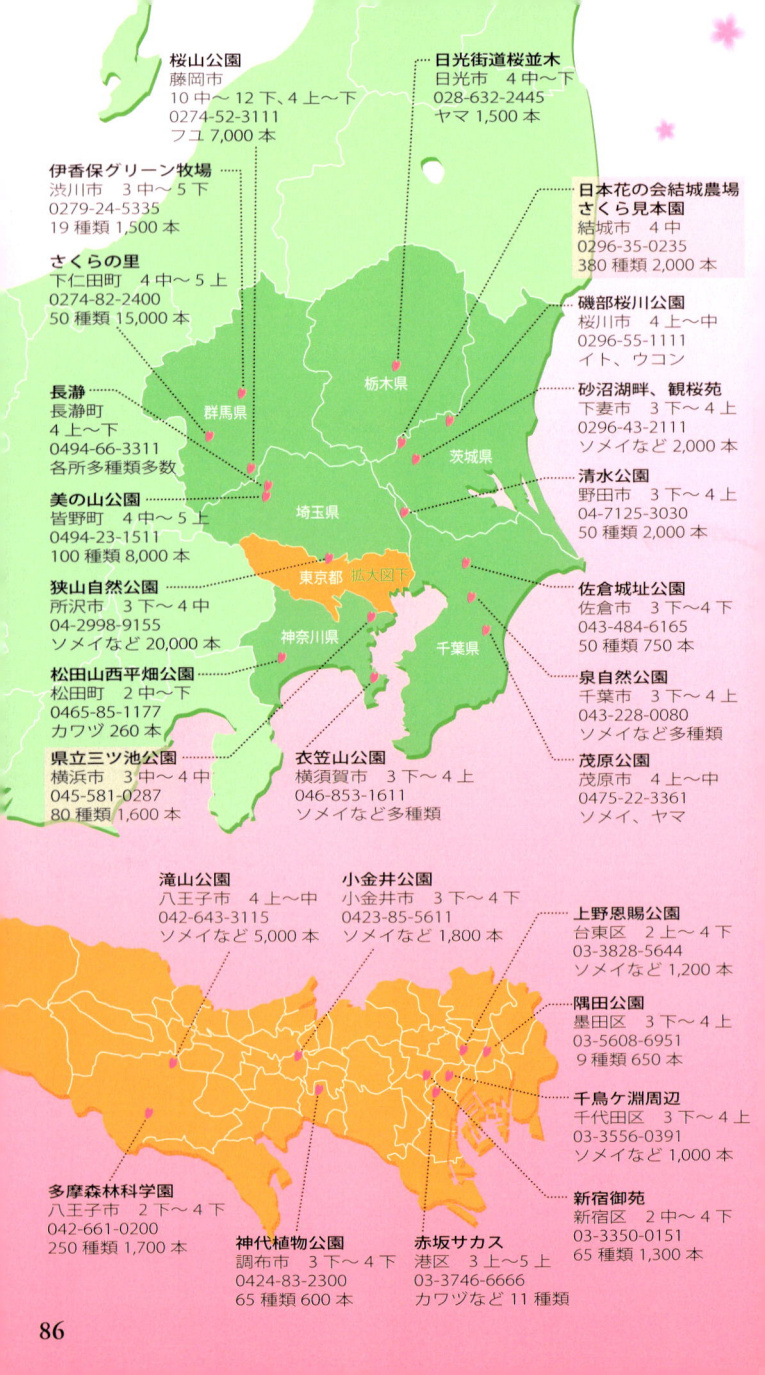

桜山公園
藤岡市
10中〜12下、4上〜下
0274-52-3111
フユ 7,000本

日光街道桜並木
日光市　4中〜下
028-632-2445
ヤマ 1,500本

伊香保グリーン牧場
渋川市　3中〜5下
0279-24-5335
19種類 1,500本

日本花の会結城農場 さくら見本園
結城市　4中
0296-35-0235
380種類 2,000本

さくらの里
下仁田町　4中〜5上
0274-82-2400
50種類 15,000本

磯部桜川公園
桜川市　4上〜中
0296-55-1111
イト、ウコン

砂沼湖畔、観桜苑
下妻市　3下〜4上
0296-43-2111
ソメイなど 2,000本

長瀞
長瀞町　4上〜下
0494-66-3311
各所多種類多数

美の山公園
皆野町　4中〜5上
0494-23-1511
100種類 8,000本

清水公園
野田市　3下〜4上
04-7125-3030
50種類 2,000本

狭山自然公園
所沢市　3下〜4中
04-2998-9155
ソメイなど 20,000本

佐倉城址公園
佐倉市　3下〜4下
043-484-6165
50種類 750本

松田山西平畑公園
松田町　2中〜下
0465-85-1177
カワヅ 260本

泉自然公園
千葉市　3下〜4上
043-228-0080
ソメイなど多種類

県立三ツ池公園
横浜市　3中〜4中
045-581-0287
80種類 1,600本

衣笠山公園
横須賀市　3下〜4上
046-853-1611
ソメイなど多種類

茂原公園
茂原市　4上〜中
0475-22-3361
ソメイ、ヤマ

滝山公園
八王子市　4上〜中
042-643-3115
ソメイなど 5,000本

小金井公園
小金井市　3下〜4下
0423-85-5611
ソメイなど 1,800本

上野恩賜公園
台東区　2上〜4下
03-3828-5644
ソメイなど 1,200本

隅田公園
墨田区　3下〜4上
03-5608-6951
9種類 650本

千鳥ケ淵周辺
千代田区　3下〜4上
03-3556-0391
ソメイなど 1,000本

多摩森林科学園
八王子市　2下〜4下
042-661-0200
250種類 1,700本

神代植物公園
調布市　3下〜4下
0424-83-2300
65種類 600本

赤坂サカス
港区　3上〜5上
03-3746-6666
カワヅなど 11種類

新宿御苑
新宿区　2中〜4下
03-3350-0151
65種類 1,300本

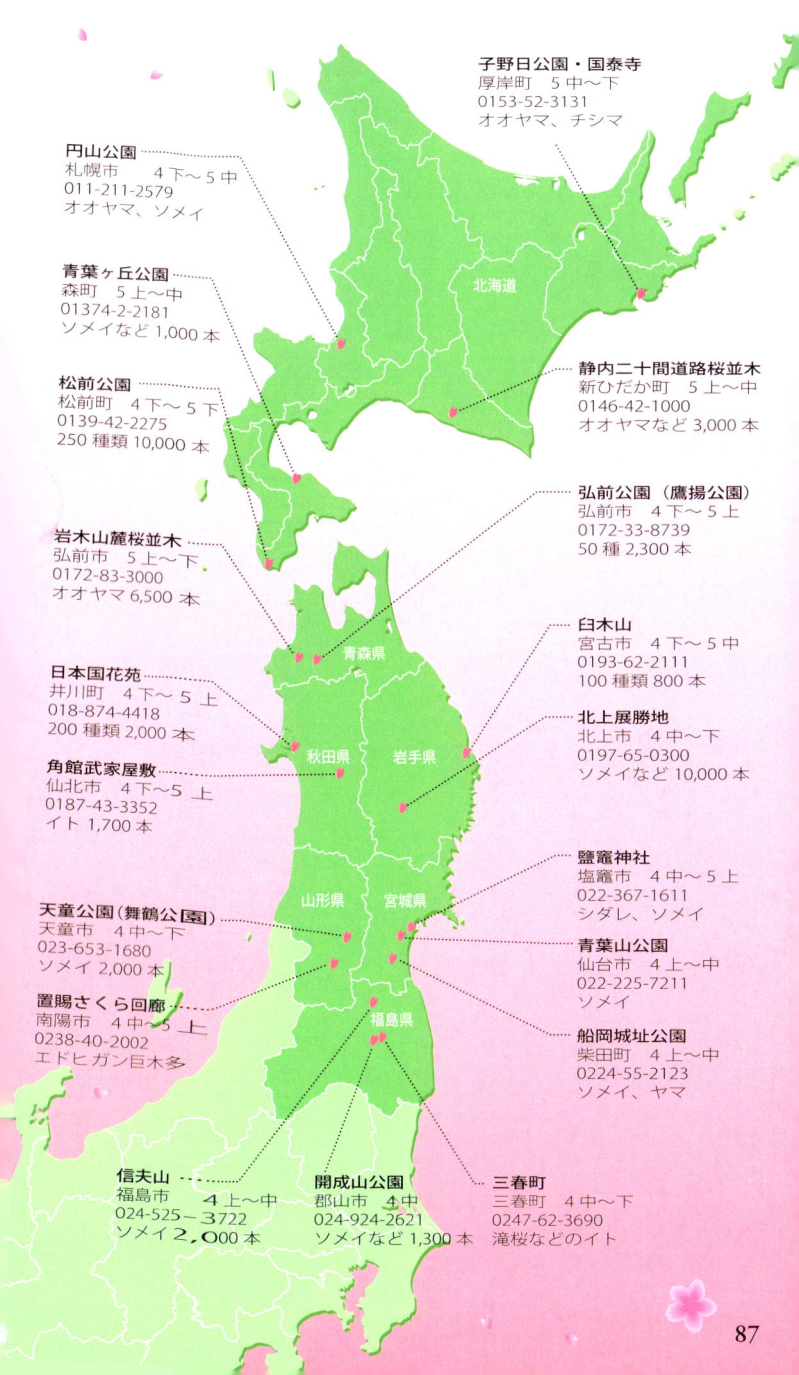

子野日公園・国泰寺
厚岸町　5中〜下
0153-52-3131
オオヤマ、チシマ

円山公園
札幌市　4下〜5中
011-211-2579
オオヤマ、ソメイ

青葉ヶ丘公園
森町　5上〜中
01374-2-2181
ソメイなど 1,000本

松前公園
松前町　4下〜5下
0139-42-2275
250種類 10,000本

静内二十間道路桜並木
新ひだか町　5上〜中
0146-42-1000
オオヤマなど 3,000本

弘前公園（鷹揚公園）
弘前市　4下〜5上
0172-33-8739
50種 2,300本

岩木山麓桜並木
弘前市　5上〜下
0172-83-3000
オオヤマ 6,500本

臼木山
宮古市　4下〜5中
0193-62-2111
100種類 800本

日本国花苑
井川町　4下〜5上
018-874-4418
200種類 2,000本

北上展勝地
北上市　4中〜下
0197-65-0300
ソメイなど 10,000本

角館武家屋敷
仙北市　4下〜5上
0187-43-3352
イト 1,700本

鹽竈神社
塩竈市　4中〜5上
022-367-1611
シダレ、ソメイ

天童公園（舞鶴公園）
天童市　4中〜下
023-653-1680
ソメイ 2,000本

青葉山公園
仙台市　4上〜中
022-225-7211
ソメイ

置賜さくら回廊
南陽市　4中〜5上
0238-40-2002
エドヒガン巨木多

船岡城址公園
柴田町　4上〜中
0224-55-2123
ソメイ、ヤマ

信夫山
福島市　4上〜中
024-525-3722
ソメイ 2,000本

開成山公園
郡山市　4中
024-924-2621
ソメイなど 1,300本

三春町
三春町　4中〜下
0247-62-3690
滝桜などのイト

索引 (太数字はメイン掲載種)

【ア】
アーコレード　35, 53, 79
アサヒヤマ　**58**
アマギヨシノ　46
アマノガワ　63
アメリカ　35
イチヨウ　**56**, 61, 65
イトザクラ　**38**
ウコン　**68**, 71
ウジョウシダレ　49
エゾヤマザクラ　12
エドヒガン　**24**, 31, 38, 40-45, 48, 76, 78
オオカンザクラ　27, 29
オオシマザクラ　11, 15-**16**, 25, 28, 39, 44, 63, 74
オオヤマザクラ　**12**, 15, 50-51
オカメ　31, **34**, 59
オクチョウジザクラ　**23**, 54
オシドリザクラ　59
オモイガワ　**52**

【カ】
カスミザクラ　11, 13, **14**, 17
カワヅザクラ　**28**, 47
カンザクラ　**26**, 75, 77
カンザン　55, **66**
カンヒザクラ　26, 28, **30**, 34-36, 46
キクシダレ　49, 73
ギョイコウ　69, **70**
キンキマメザクラ　**19**, 25, 42, 77
ケイオウザクラ　36-37
ケンロクエンキクザクラ　**72**
コウカ　67
コシノヒガン　25, 41, **42**, 43
コヒガン　25, 31, 36-37, **40**, 43
コブクザクラ　79-**80**
コマツオトメ　45

【サ】
シキザクラ　75-**76**
シダレザクラ　38
シナミザクラ　**32**, 36-37
ジュウガツザクラ　52-53, **78**, 81
シュゼンジカンザクラ　29, 47
ショウゲツ　57, **60**, 65
ジンダイアケボノ　45
スマウラフゲンゾウ　69, 71
スルガダイニオイ　17, **62**

セイヨウミザクラ　32-33
センダイシダレ　39
センダイヤ　**50**
ソメイヨシノ　25, 42-**44**

【タ】
タカサゴ　55, 59
タカトオコヒガン　41, 43
タカネザクラ　19-**20**
チシマザクラ　21
チョウジザクラ　**22**
ツバキカンザクラ　33, 37
トウカイザクラ　**36**
トモエザクラ　25

【ナ】
ノモモ　37

【ハ】
バイゴジジュズカケザクラ　73
ハナガサ　65
ヒカンザクラ　31
ヒガンザクラ　31
フゲンゾウ　57, 61, **64**, 69
フダンザクラ　75
フユザクラ　27, **74**, 77, 81
ベニシダレ　39
ベニヤマザクラ　12
ベニユタカ　**54**
ホシザクラ　25

【マ】
マメザクラ　**18**, 21, 25, 34-35, 40, 59, 74, 76, 78
ミドリザクラ　19
ミネザクラ　20
ミヤビ　31, 47
モチヅキザクラ　25

【ヤ】
ヤエベニシダレ　**48**
ヤエベニトラノオ　57, 67
ヤエベニヒガン　53, 79
ヤマザクラ　**10**, 13, 15, 17, 26, 39, 50-51, 63
ヨウコウ　29, **46**
ヨウシュン　45

【ラ】
リュウキュウカンヒザクラ　31
リョクガクザクラ　19
ロトウザクラ　37

【ワ】
ワカキノサクラ　51
ワセミヤコ　55